清 华 电 脑 学 堂

U0282919

Windows Server服务器

配置与管理标准教程

实战微课版　黄敏　郭倩倩◎编著

清华大学出版社

北京

内 容 简 介

Windows Server系列操作系统以其出色的稳定性、安全性和易操作性，被广泛应用于各类服务器。本书系统全面地介绍Windows Server从安装、配置到使用的各方面知识。

全书共9章，从计算机操作系统的基础知识开始，重点介绍操作系统的分类和特点，Windows Server的版本、硬件要求与镜像的下载，Windows Server的安装、进入与关闭、激活与更新、系统初始化、系统环境设置，本地用户与组的创建、查看、管理等操作，常见的文件系统及特点，基本权限与高级权限的设置，文件与文件夹的加密，磁盘的基础知识，基本磁盘与动态磁盘，磁盘的初始化，卷的创建与管理，跨区卷、带区卷、镜像卷、RAID-5卷的创建和使用，磁盘配额及管理，域环境、域控制器的部署，域环境的管理、加入及退出域，DHCP服务、DNS服务、FTP服务、Web服务、证书服务，NAT服务及FTP服务的搭建，本地安全策略、组策略的设置，防火墙的作用与设置，系统备份、远程管理服务器的方法等。除了必备的理论知识外，还穿插了"知识延伸""动手练"等板块。

本书目的明确、结构清晰、语言精炼、易教易学，不仅适合作为系统工程师、系统安全工程师、网络工程师、网络安全工程师、服务器工程师、网络管理维护人员、服务器管理员、软硬件工程师的学习手册，还适合作为高等院校相关专业的教学用书。

图书在版编目（CIP）数据

Windows Server服务器配置与管理标准教程：实战微课版 / 黄敏，郭倩倩编著. —北京：清华大学出版社，2024.2

（清华电脑学堂）

ISBN 978-7-302-65319-6

Ⅰ.①W… Ⅱ.①黄… ②郭… Ⅲ.①Windows操作系统－网络服务器－教材 Ⅳ.①TP316.86

中国国家版本馆CIP数据核字（2024）第015034号

责任编辑：袁金敏
封面设计：杨玉兰
责任校对：徐俊伟
责任印制：杨　艳

出版发行：清华大学出版社
　　　　　网　　址：https://www.tup.com.cn，https://www.wqxuetang.com
　　　　　地　　址：北京清华大学学研大厦A座　　　　邮　　编：100084
　　　　　社 总 机：010-83470000　　　　　　　　　邮　　购：010-62786544
　　　　　投稿与读者服务：010-62776969，c-service@tup.tsinghua.edu.cn
　　　　　质 量 反 馈：010-62772015，zhiliang@tup.tsinghua.edu.cn
　　　　　课 件 下 载：https://www.tup.com.cn，010-83470236
印 装 者：小森印刷霸州有限公司
经　　销：全国新华书店
开　　本：185mm×260mm　　　印　　张：17　　　字　　数：427千字
版　　次：2024年2月第1版　　　　　　　　　　　印　　次：2024年2月第1次印刷
定　　价：69.80元

产品编号：102886-01

前 言

首先，感谢您选择并阅读本书。

随着网络技术的不断发展，互联网中为客户提供各种服务的服务器需求量也在不断增长。在数量众多的服务器操作系统中，有相当一部分使用了微软公司专门针对服务器研发的操作系统——Windows Server系列，该系统在稳定性、安全性、兼容性、易操作性等方面都非常优秀。Windows Server新版本集合了以往服务器系统的优势，包括丰富的功能、强劲的安全性、对服务器和网络基础结构控制能力更强、更快的IT系统部署与维护、与应用程序的合并及虚拟化更简单、管理工具的使用更加便捷。

党的二十大报告指出，要加快建设网络强国、数字中国。加快数字中国建设，就是要适应我国发展新的历史方位，全面贯彻新发展理念，以信息化培育新动能，用新动能推动新发展，以新发展创造新辉煌。建设数字中国是数字时代推进中国式现代化的重要引擎，是构筑国家竞争新优势的有力支撑。建设数字中国是党中央作出的重大决策部署，是一项长期而艰巨的战略任务。

本书特色

- **结构合理，系统全面**。本书的内容涉及Windows Server系统的各方面，从Windows Server 2019的基础知识开始讲解，包含环境的搭建、系统的安装、系统的管理、服务的搭建、安全管理等，内容层层递进，全面细致地将各种知识呈现在读者面前。

- **易教易学，针对性强**。本书针对初学者的特点，精简了大量晦涩的文字内容，加入了更加实用的操作内容，让读者在操作中学习理论，既能快速上手，也让知识点的掌握更加稳固。对于有一定基础的用户，则在操作中融入了各种操作技巧，让该类读者的使用更有效率，知识储备更加全面。

- **学练结合，培养思维**。本书内容丰富、图文并茂，全面展现服务器中所使用的各种技术，在知识点和操作讲解的同时，重点培养读者的专业思维和素养，为读者学习其他计算机知识起到引导作用。

内容概述

全书共9章，各章内容安排见表1。

表1

章序	内容导读	难度指数
第1章	介绍计算机操作系统的分类及特点，Windows Server的版本、硬件要求，系统镜像的下载，安装介质的制作，Windows Server 2019的安装，Windows Server的进入与关闭、激活与更新，系统的初始化，系统环境的设置等	★★☆

章序	内容导读	难度指数
第2章	介绍本地用户账户及类型，用户组及组的分类，用户账户的查看、创建、设置密码、删除、切换、修改账户类型，禁用及启用，查看组、创建组、删除组、加入及退出组等	★★☆
第3章	介绍常见的文件系统及特点，文件系统的基本权限和高级权限，权限的累加、转移，权限及高级权限的编辑、继承、夺取，文件与文件夹的加密原理、加密操作等	★★★
第4章	介绍磁盘的分类及运行原理，磁盘分区表，基本磁盘和动态磁盘，卷和磁盘的初始化，创建、扩展、压缩、删除基本卷，动态磁盘的转换，跨区卷的创建和使用，带区卷的创建和使用，镜像卷的创建和使用，RAID-5卷的创建和使用，磁盘配额与管理等	★★★
第5章	介绍域环境，活动目录，域控制器，域结构，域控制器的部署，域环境的常见管理，域的加入与退出等	★★★
第6章	介绍DHCP服务的原理、搭建与配置，DNS服务的原理、作用、域名系统、搭建及服务配置等	★★★
第7章	介绍FTP服务的原理、搭建、配置、访问，以及高级设置Web服务的作用、搭建方法、基本配置、虚拟主机的配置等	★★☆
第8章	介绍PKI安全基础，证书服务的搭建与配置，安全的Web站点的配置，NAT服务的作用、搭建过程、参数配置，VPN服务的作用、配置方法及访问等	★★★
第9章	介绍本地安全策略，常见设置选项及作用，组策略与组策略编辑器，组策略常见选项作用与设置，防火墙的功能，防火墙的配置，Windows Server的备份功能，Windows Admin Center远程管理服务器，使用系统远程桌面管理服务器，使用第三方工具远程管理服务器等	★★☆

本书的配套素材和教学课件可扫描下面的二维码获取，如果在下载过程中遇到问题，请联系袁老师，邮箱：yuanjm@tup.tsinghua.edu.cn。书中重要的知识点和关键操作均配备高清视频，读者可扫描书中二维码边看边学。

本书由黄敏、郭倩倩编著，在编写过程中作者虽力求严谨细致，但由于时间与精力有限，书中疏漏之处在所难免。如果读者在阅读过程中有任何疑问，请扫描下面的技术支持二维码，联系相关技术人员解决。教师在教学过程中有任何疑问，请扫描下面的教学支持二维码，联系相关技术人员解决。

配套素材　　　　教学课件　　　　技术支持　　　　教学支持

目 录

Windows Server系统概述

第2章

本地用户与组管理

第3章

文件系统管理

磁盘系统管理

Windows Server服务器配置与管理标准教程（实战微课版）

域环境的部署

配置DHCP与DNS服务

配置FTP与Web服务

配置其他常见的网络服务

系统安全与管理

附 录

虚拟机的安装与使用

第1章
Windows Server 系统概述

　　Windows Server操作系统是微软公司专门为服务器开发的专业级别的操作系统。作为全球用户最多的操作系统，Windows Server一直是生产力平台的代表力作，本章将向读者介绍Windows Server操作系统的基础知识，以及如何进行操作系统的安装。在安装好操作系统后，为了让系统更适合自己的操作习惯，通常需要了解一些基本操作，进行一些基本及个性化配置、远程管理配置等。

重点难点

- 认识操作系统
- Windows Server操作系统简介
- Windows Server操作系统的安装
- 系统的进入与关闭
- 系统的激活与更新
- 系统初始化操作
- 系统环境设置

1.1 认识操作系统

在使用计算机、智能终端、网络设备时，所有的参数设置、硬件管理、任务执行、程序和功能的使用，都是在操作系统中进行的。而操作系统的发展经历了单机操作系统以及网络操作系统，下面介绍操作系统的相关知识。

1.1.1 操作系统简介

操作系统（Operating System，OS）是一组程序的集合，位于用户和计算机硬件之间。向下，能够有效地组织和管理计算机系统中的软件和硬件资源，合理地组织并控制各种程序工作，使计算机可以正常高效地运行。向上，为用户提供各种服务，用户可以方便、高效地管理和使用计算机。操作系统的功能主要有以下几种。

1. CPU 管理

主要目的是有效、合理地分配CPU的时间。

第一项工作是处理中断事件，硬件只能发现并捕捉中断事件，产生中断信号，但不能进行处理。配置了操作系统，就能对中断事件进行处理。

第二项工作是任务调度。在单用户单任务的情况下，管理工作比较简单。但在多道程序或多用户的情况下，组织执行多个作业或任务时，就要解决处理器的调度、分配和回收等问题。

为了解决复杂的任务调度问题，操作系统引入了进程的概念，处理器的分配和执行都是以进程为基本单位。随着并行处理技术的发展，为了进一步提高系统的并行性，使并发执行单位的粒度变细，操作系统又引入了线程的概念。具体包括进程控制和管理、进程同步和互斥、进程通信、进程死锁、处理器调度等级、线程控制和管理等。

2. 存储管理

存储管理的主要工作是对内存储器进行合理分配、有效保护和扩充。存储管理分为几种功能：存储分配、存储共享、存储保护、存储扩张。

3. 设备管理

当用户程序要使用外部设备时，设备管理控制（或调用）驱动程序使外部设备工作，并随时对该设备进行监控、处理外部设备的中断请求等。设备管理有以下功能：设备分配、设备传输控制和设备独立性。

4. 文件系统管理

文件系统管理则是对软件资源的管理。为了管理庞大的系统软件资源及用户程序和数据，操作系统将它们组织成文件的形式，操作系统对软件的管理实际上是对文件系统的管理、文件存储空间的管理、目录管理、文件操作管理、文件保护。

5. 用户接口

计算机用户与计算机的交流是通过操作系统的用户接口（或称用户界面）完成的。操作系统为用户提供的接口有两种，一是操作界面；二是操作系统的功能服务界面。

▌1.1.2 操作系统的分类及特点

操作系统根据不同的标准有不同的分类。从应用领域及安装的设备，可以分为桌面级操作系统与服务器操作系统两类。

1. 桌面级操作系统

桌面级操作系统是日常接触最多的，主要面向个人用户，用来完成日常办公、娱乐等操作的计算机操作系统。

知识拓展

桌面级

桌面级是计算机领域的专业术语。桌面级产品区别于工作站和服务器，是指在客户端上使用的产品。

（1）Windows系列系统

桌面级操作系统以微软的Windows系列最具代表性，也是桌面操作系统市场占有率最高的系列，包括常见的Windows 7系统、Windows 10系统以及Windows 11系统，如图1-1所示。

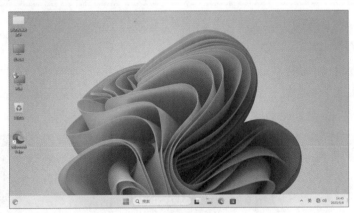

图 1-1

（2）Linux系列

针对普通桌面环境，Linux有很多种发行版，如Ubuntu（图1-2）、Fedora等。

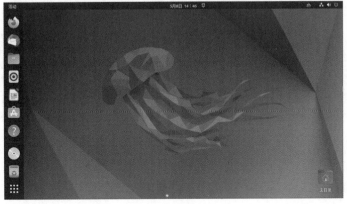

图 1-2

3

Linux影响较广的原因是其"自由软件"的思想，虽然其在桌面操作系统市场占有率不高，但随着Linux的生态环境越来越好，系统资源占用率低、速度快，再加上操作方式的改进，Linux操作系统的前景非常广阔。例如符合国人操作习惯、支持大多数常用软件、可以模拟安卓系统的Deepin Linux就非常受欢迎，如图1-3所示。

图 1-3

（3）macOS系列

macOS是一套运行于苹果Macintosh系列计算机上的操作系统，是苹果公司为其计算机专门设计的专业操作系统，界面酷炫、专业化软件、效率高、稳定性高都是其代名词。macOS Ventura 13.3.1如图1-4所示。

图 1-4

2. 服务器操作系统

服务器操作系统一般指的是安装在服务器主机上的操作系统，例如网页服务器、应用服务器和数据库服务器等，是企业IT系统的基础架构平台。相比桌面操作系统，在一个具体的网络中，服务器操作系统要承担额外的管理、配置、安全等功能，处于每个网络中的心脏部位。

服务器操作系统并不注重花哨的外观和性能超群的硬件控制，而是将重心放在系统的稳定性、网络吞吐速度、网络服务的功能和响应能力上。为了充分利用服务器的硬件性能，很多服务器系统并没有桌面环境，而是使用终端窗口的命令模式进行控制。

（1）Windows Server系列

在服务器领域，使用量较大的有Windows Server系列服务器系统，包括Windows Server 2016，使用量较多的有Windows Server 2019（图1-5）以及最新的Windows Server 2022。

图 1-5

（2）Linux服务器版

Linux凭借其先天优势，在服务器领域使用量非常巨大，常见的Linux服务器系统有Debian、CentOS、RHEL（Red Hat Emerprise Linux），如图1-6所示。

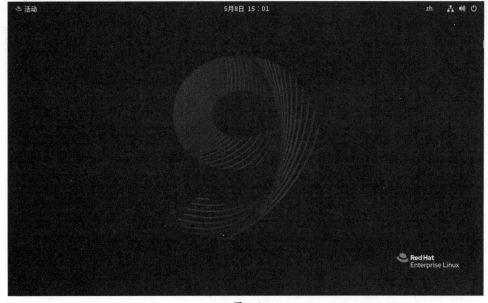

图 1-6

（3）UNIX系列

UNIX服务器操作系统由AT&T公司和SCO公司共同推出，主要支持大型的文件系统服务、数据服务等应用。市面上流传的主要有SCO SVR、BSD UNIX、Sun Solaris、IBM-AIX、HP-UX、FreeBSDX。UNIX系统通常是与大型计算机配套销售的，并且是需要付费使用的，其核心是保密的，高效且专业。

（4）嵌入式操作系统

嵌入式操作系统包括使用非常广泛的系统，如VxWorks、eCos、Symbian OS及Palm OS，以及某些功能缩减版本的Linux或者其他操作系统。某些情况下，OS指的是一个内置了固定应用软件的巨大应用程序。在许多简单的嵌入式系统中，所谓的OS就是指其上唯一的应用程序。

1.1.3 Windows Server系统简介

本书以用户使用量较多的Windows Server 2019为例，介绍Windows Server操作系统。Windows Server 2019是微软公司研发的服务器操作系统，于2018年10月2日发布，2018年10月25日正式商用。

1. Windows Server 2019 的新功能

Windows Server 2019基于Long-Term Servicing Channel 1809内核开发，相较于之前的Windows Server版本，主要围绕混合云、安全性、应用程序平台、超融合基础设施（HCI）四个关键主题实现了创新。

（1）混合云

Windows Server 2019可通过内部部署及云版本形式运行，微软希望用户能够在未来的某一时间点上借此向Azure过渡。考虑到这一点，该平台中内置了大量连接器以及管理工具Windows管理中心，用以降低云端准入门槛。Azure备份与文件同步以及灾难恢复等功能亦可将数据中心"扩展"至Azure当中。此外，存储迁移服务负责将文件服务器直接分流至云端，且无须修改任何用户配置。

Windows Server 2019中的Server Core按需应用兼容性功能包含带桌面体验的Windows Server的一部分二进制文件和组件，无须添加Windows Server桌面体验图形环境本身，因此显著提高了Windows Server核心安装选项的应用兼容性，增加了Server Core的功能和兼容性，同时尽可能保持精简。

（2）安全性

Windows Server 2019集成的Windows Defender高级威胁检测可发现和解决安全漏洞。Windows Defender攻击防护可帮助防止主机入侵。该功能会锁定设备以避免攻击媒介的攻击，并阻止恶意软件攻击中的常见行为。而保护结构虚拟化功能适用于Windows Server或Linux工作负载的受防护虚拟机，可保护虚拟机工作负载免受未经授权的访问。打开具有加密子网的交换机的开关，即可保护网络流量。

Windows Defender Advanced Threat Protection（ATP）目前已经在Windows Server 2019中正式启用，并与Defender Exploit Guard相配合。更重要的是面向Linux虚拟机的Shelded VM功能正式亮相。这一同样首次出现在Windows Server 2019中的功能可通过访问主机服务器来阻止那些

已无实际作用的虚拟机继续运行。不过此项功能原本仅适用于选择Windows作为客户操作系统的场景。

（3）应用程序平台

作为DevOps方案的一部分，Windows Server 2019中的容器技术可帮助IT专业人员和开发人员进行协作，从而更快地交付应用程序。通过将应用从虚拟机迁移到容器，还可以将容器优势转移到现有应用，只需最少量的代码更改。

Windows Server 2019借助容器支持可以更快地实现应用现代化。Windows Server 2019提供更小的Server Core容器镜像，可加快下载速度，并为Kubernetes集群和Red Hat Open Shift容器平台计算、存储和网络连接提供增强的支持。

Windows Server 2019改进了Linux操作，基于之前对并行运行Linux和Windows容器的支持，Windows Server 2019可支持开发人员使用Open SSH、Curl和Tar等标准工具，从而降低复杂性。

Windows Server 2019让实现基于Windows的应用程序的容器化变得更加简单：提高了现有Windows Server core 镜像的应用兼容性。 对于具有其他 API 依赖项的应用程序，现在还增加了Windows的基本镜像。Windows Server 2019的基本容器镜像的下载大小、在磁盘上的大小和启动时间都得到了改善，加快了容器工作流。

（4）超融合基础设置

Windows Server 2019中的技术增强了超融合基础架构（HCI）的规模、性能和可靠性。通过具有成本效益的高性能软件定义的存储和网络，允许部署从小型2节点到使用集群集技术的多达100台服务器，从而使其在任何情况下都能负担得起部署规模。

Windows Server 2019中的Windows Admin Center是一个基于轻量浏览器且本地部署的平台，可整合资源以提高可见性和可操作性，进而简化HCI部署的日常管理。

2. Windows Server 2019 版本

Windows Server 2019分为以下四个版本。

（1）Essentials Edition（基本版）

Windows Server 2019基本版适用于小型企业，此版本允许最多25个用户和50台设备，用户不需要客户端访问许可证来连接服务器。

（2）Standard Edition（标准版）

Windows Server 2019标准版适用于几乎无虚拟化的物理服务器环境，提供适用于Windows Server操作系统的大多数角色和功能。

（3）Datacenter Edition（数据中心版）

Windows Server 2019数据中心版适用于高度虚拟化的基础结构，包括私有云和混合云环境。它提供适用于 Windows Server 操作系统的所有角色和功能。

（4）Hyper-V Server 2019 Edition

Hyper-V Server 2019版充当VM的独立虚拟化服务器，包括 Windows Server中的虚拟化的所有新功能。主机操作系统没有许可成本，但必须单独许可VM。它支持域加入，但不支持Windows Server服务器角色的创建。此版本没有GUI，但具有显示配置任务菜单的UI。可以使用远程管理工具远程管理此版本。

日常使用最多的版本是标准版与数据中心版。这两个版本的主要的功能区别如表1-1所示。

表1-1

功能	Windows Server 2019 标准版	Windows Server 2019 数据中心版
软件定义的网络	否	是
存储副本	是（1 种合作关系和 1 个具有单个 2TB 卷的资源组）	是，无限制
Storage Spaces Direct	否	是
继承激活	托管于数据中心时作为来宾	可以是主机，也可以是来宾
可用作虚拟化来宾	是；每个许可证允许运行 2 台虚拟机以及一台 Hyper-V 主机	是；每个许可证允许运行无限台虚拟机以及一台 Hyper-V 主机
Hyper-V	是	是；包括受防护的虚拟机
网络控制器	否	是
容器	是（Windows 容器不受限制；Hyper-V 容器最多为 2 个）	是（Windows 容器和 Hyper-V 容器不受限制）
主机保护者 Hyper-V 支持	否	是

注意事项 桌面体验（Desktop Experience）

在安装Windows Server时，会有带有"桌面体验"的标准版和数据中心版，如图1-7所示。带有"桌面体验"字样的也就是带有桌面环境的版本，其余不带的仅提供终端的命令行模式。建议新手用户使用桌面体验版。

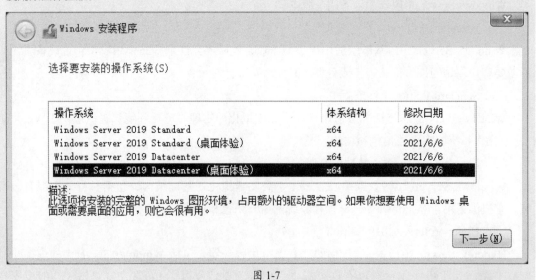

图 1-7

3. Windows Server 2019 的硬件要求

现在绝大多数服务器都可以流畅地运行Windows Server 2019，Windows Server的硬件要求取决于服务器承载的服务、服务器上的负载以及用户希望服务器具有的响应程度。每个角色的服务和功能为网络、磁盘 I/O、处理器和内存资源带来了独特的负载。物理计算机上安装Server Core所需的最低要求如表1-2所示。

表1-2

硬件	最低要求
中央处理器（CPU）	1.4 GHz 64 位处理器，与x64指令集兼容
内存（RAM）	512 MB，对于带桌面体验的服务器安装选项为2GB
存储器空间（硬盘大小）	32GB

Windows Server 的虚拟化部署要求物理部署具有相同的硬件规格。但在安装过程中，需要为VM分配额外的内存（可以在安装之后释放这些内存），或者需要在启动过程中创建一个安装分区。

知识拓展

其他硬件要求

除前面列出的要求外，还需要考虑其他硬件要求，具体取决于特定组织需求和安装方案。
- 网络安装或RAM超过16 GB的计算机需要更大的磁盘空间。
- 存储和网络适配器必须与PCI Express兼容。
- 需要一个受信任的平台模块（TPM）来实现多个安全功能。

4. Windows Server 2019 更新与支持

Windows Server将以长期服务渠道（LTSC）作为主要发布渠道。Windows Server半年频道（SAC）已于2022年8月9日停用。此后不会再有Windows Server 的SAC版本。Windows Server的主要版本继续每2、3年发布一次，容器主机和容器镜像有望保持这一节奏。

和Windows桌面系统类似，Windows Server系列也有支持的时间，到达时间后会结束支持，虽然可以继续使用，但无法获取关键的安全更新、系统功能更新、故障修复更新等内容，用户在结束支持前，建议更新到新版本。目前常见的Windows Server操作系统的几个版本的支持结束日期如表1-3所示。

表1-3

Windows Server 版本	服务选项	版本	可用性	构建	主要支持结束日期	外延支持结束日期
Windows Server 2022	长期服务频道（LTSC）	Datacenter、Standard	2021-08-18	20348.169	2026-10-13	2031-10-14

（续表）

Windows Server 版本	服务选项	版本	可用性	构建	主要支持结束日期	外延支持结束日期
Windows Server 2019（版本 1809）	长期服务频道（LTSC）	Datacenter、Essentials、Standard	2018-11-13	17763.107	2024-01-09	2029-01-09
Windows Server 2016（版本 1607）	长期服务频道（LTSC）	Datacenter、Essentials、Standard	2016-10-15	14393.0	服务终止	2027-01-11

知识拓展

主要支持及外延支持

主要支持包括功能性更新和安全性更新，而外延支持只包括安全性更新。

5. Windows Server 2019 升级

Windows Server操作系统可以通过升级功能升级到更高的版本，在停止安全更新后，必须尽快升级到最新的版本来确保系统的安全性。在Windows Server的升级中，共有以下几种类型。

- **升级**：也称为"就地升级"。操作系统的较旧版本移动到较新版本，同时仍在相同的物理硬件上。
- **安装**：也称为"全新安装"。从操作系统的较旧版本移动到较新版本，同时删除较旧的操作系统。
- **迁移**：通过迁移到另一组硬件或虚拟机，从旧版操作系统迁移到新版操作系统。
- **群集操作系统滚动升级**：升级群集节点的操作系统，且无须停止Hyper-V或横向扩展文件服务器的工作负载。利用此功能可以避免出现可能影响服务级别协议的故障时间。
- **许可证互转**：使用简单的命令和相应的许可证密钥，通过一个步骤将发行版的特定版本转换成同一发行版的另一个版本。如果服务器运行标准版，可以将其转换为数据中心。

与Windows桌面版不同，Windows Server服务器版本一次最多可以升级到两个版本的较新版本Windows Server。例如，Windows Server 2016可以升级到Windows Server 2019或Windows Server 2022。如果使用群集操作系统滚动升级功能，则一次只能升级到一个版本。还可以从操作系统的评估版升级到零售版，从旧的零售版升级到较新版本，或者在某些情况下，从操作系统的批量许可版本升级到普通零售版本。常见的版本及升级支持状态如表1-4所示。

表1-4

升级前 \ 升级后	Windows Server 2012	Windows Server 2012 R2	Windows Server 2016	Windows Server 2019	Windows Server 2022
Windows Server 2012	-	是	是	-	-

升级前 / 升级后	Windows Server 2012	Windows Server 2012 R2	Windows Server 2016	Windows Server 2019	Windows Server 2022
Windows Server 2012 R2	-	-	是	是	-
Windows Server 2016	-	-	-	是	是
Windows Server 2019	-	-	-	-	是

1.2 安装Windows Server系统

在准备并安装服务器的硬件后，就可以为服务器安装操作系统了。在正式安装前，还需要做一些准备工作。

1.2.1 下载系统镜像

现在安装操作系统必须使用系统镜像。系统镜像就像是操作系统的软件安装包，官网和其他第三方网站均提供。从微软官网下载系统镜像是最安全的，包括Windows桌面操作系统，如Windows 10、Windows 11，服务器操作系统，如Windows Server 2019以及Windows Server 2022等。

Step 01 打开浏览器，输入下载地址"https://www.microsoft.com/zh-cn/evalcenter/evaluate-windows-server-2019"，在主界面中单击"下载ISO"链接，如图1-8所示。

Step 02 填写试用信息，单击"立即下载"按钮，如图1-9所示。

图 1-8

图 1-9

Step 03 选择对应的语言，单击"64位版本"链接，如图1-10所示。

Step 04 在浏览器或下载工具弹出的下载对话框中选择保存位置，单击"开始下载"按钮下载该镜像，如图1-11所示。

图 1-10　　　　　　　　　　　　　　　　　　　图 1-11

知识拓展

从第三方网站下载原版镜像

　　原版镜像也是微软发布的，很多第三方网站提供未经修改的系统镜像如图1-12所示，下载速度快，还可以获取历史版本。复制链接后，用户可以使用迅雷、bt等下载工具下载这些资源。不过下载完毕后，建议用户使用校验信息进行数据完整性校验。

图 1-12

动手练 **制作安装介质**

　　　　　镜像文件下载完毕后，不能直接使用，尤其是首次安装Windows Server系统，需要一个引导介质启动服务器进行安装。比较常见的是使用软件将镜像文件复制到U盘中，再使用U盘进行操作系统的安装。

　　比较常见的工具是Rufus，该软件是一个开源的、快速制作U盘系统启动盘的实用小工具，体积小巧，可以把ISO格式的系统镜像文件快速制作成可引导的USB启动安装盘，支持Windows或Linux启动。下面介绍Windows Server 2019安装介质的制作方法。

　　Step 01 将U盘插入服务器后，启动Rufus，该软件会自动检测到U盘，并添加到设备中，单击"选择"按钮，如图1-13所示。

　　Step 02 找到并选择下载的镜像文件，单击"打开"按钮，如图1-14所示。

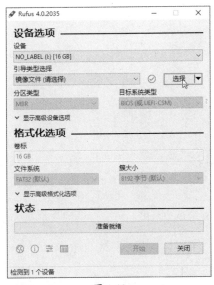

图 1-13

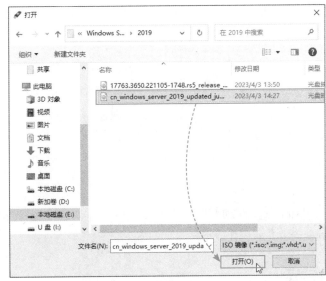

图 1-14

注意事项 **U盘的要求**

推荐选择16GB及以上的U盘，制作前备份好U盘中重要的资料，一旦开始制作，U盘中的所有数据将被全部清空。

Step 03 其他参数保持默认，单击"开始"按钮，如图1-15所示。

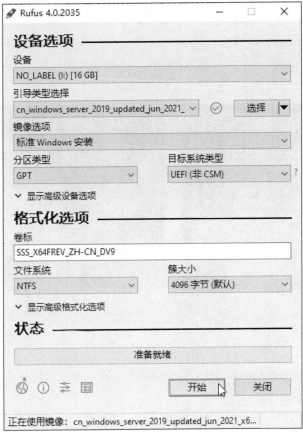

图 1-15

Step 04 弹出"Windows用户体验"对话框，取消勾选所有选项，单击"OK"按钮，如图1-16所示。

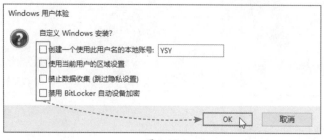

图 1-16

Rufus工具启动制作，先格式化U盘，并将镜像文件的内容释放到U盘，最后完成引导配置，到此安装介质制作完毕。

Windows 11安装介质的制作

使用Rufus工具可以制作绝大多数操作系统的安装介质，而且在安装Windows 11时，通过Rufus工具，可以跳过硬件检测，创建并使用本地账户，非常方便。

1.2.2 使用U盘启动服务器

将U盘插入服务器中，启动服务器后，进入启动设备选择界面，主板不同，进入启动设备选择界面的快捷键也不相同，快捷键一般为F2、F8、F10、F11或F12。在启动设备选择界面中选择U盘即可，如图1-17所示。也可以进入BIOS中，将U盘设置为第一启动项，如图1-18所示，重启服务器后即可进入。

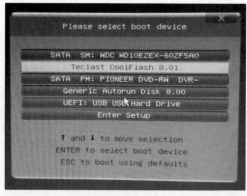

图 1-17

图 1-18

动手练 安装操作系统

服务器会自动读取U盘中的启动信息，并读取安装信息进行正式安装。接下来介绍具体的操作流程。

Step 01 在启动界面，按照提示按任意键启动安装向导，如图1-19所示。

Step 02 选择要安装的语言，其他保持默认，单击"下一步"按钮，如图1-20所示。

Press any key to boot from CD or DVD......

图 1-19 图 1-20

Step 03 单击"现在安装"按钮，如图1-21所示。

Step 04 选择安装的版本，这里选择"Windows Server 2019 Datacenter（桌面体验）"选项，
单击"下一步"按钮，如图1-22所示。

图 1-21 图 1-22

Step 05 勾选"我接受许可条款"复选框，单击"下一步"按钮，如图1-23所示。

Step 06 选择"自定义：仅安装Windows（高级）"选项，如图1-24所示。

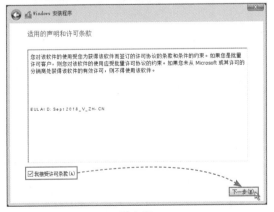

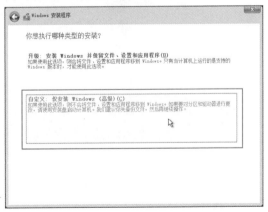

图 1-23 图 1-24

Step 07 如果是新设备，硬盘需要先分区。选中"驱动器0未分配的空间"选项，单击"新建"按钮，如图1-25所示。

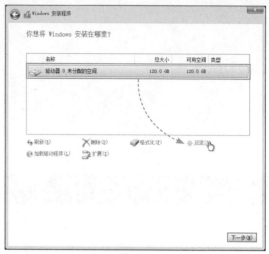

图 1-25

已有分区的安装

如果硬盘已有分区，且分区容量足够大，则只需将该分区格式化，然后选择该分区即可安装。如果分区过小或者对当前分区不满意，可以先备份重要数据，删除所有分区，然后重新分区即可。

Step 08 设置新建分区的大小，注意单位为MB，输入后单击"应用"按钮，如图1-26所示。

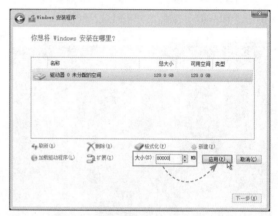

图 1-26

Step 09 系统提示需要创建额外的分区，单击"确定"按钮，如图1-27所示。

图 1-27

特殊分区的作用

原版镜像文件会自动创建额外分区，包括100MB的引导，主要用于引导系统，是必须创建的。16MB的MSR分区，在动态磁盘转换时需要，不是必需的。还有500MB的恢复分区，用来备份系统使用，也不是必需的。

Step 10 按该方法将其他未分配空间全部新建分区后，选中需要安装系统的分区后，单击"下一步"按钮，如图1-28所示。

Step 11 系统从U盘复制文件到系统分区，如图1-29所示。

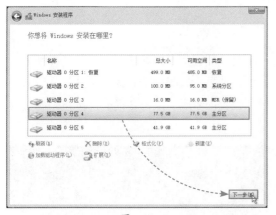

图 1-28

图 1-29

Step 12 文件复制完成后提示重启，单击"立即重启"按钮，如图1-30所示。

图 1-30

Step 13 重启后，系统进入系统安装界面，再次重启后进入系统配置向导，为默认用户Administrator设置密码，单击"完成"按钮，如图1-31所示。

Step 14 接下来进入系统的欢迎界面，如图1-32所示。到此Windows Server 2019安装完毕。

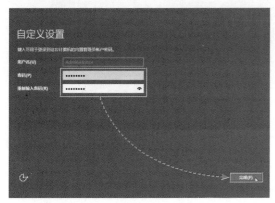

图 1-31

图 1-32

知识拓展

密码要求

此处设置的密码必须满足复杂度要求。

1.3 系统的进入与关闭

Windows Server操作系统的进入与关闭操作和桌面操作系统的不同之处，主要体现在安全性方面。下面介绍具体的操作方法。

1.3.1 进入系统

启动服务器或者注销及锁定服务器后，会进入锁屏界面，如图1-33所示。此时按照提示使用Ctrl+Alt+Del组合键进行解锁，进入登录界面。输入设置的密码后单击"提交"按钮（或直接按Enter键），如图1-34所示，即可进入系统桌面。

图 1-33

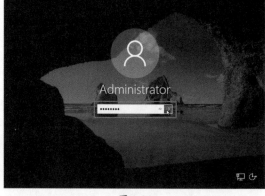

图 1-34

注意事项 **数字键区的输入**

如果密码中含有数字，在使用数字键区输入时，需要按Num Lock键，Num Lock灯亮起才能输入数字。

1.3.2 关机及重启

服务器系统一般需要7×24小时运行，但遇到某些特殊情况，需要重启或关机时，可以按照下面的方法进行，操作与桌面系统略有不同。

按Win键打开"开始"菜单，选择 ⏻ "关机"选项，如图1-35所示，在弹出的列表中选择关机的原因并记录在日志中，单击"继续"按钮，如图1-36所示，就可以关闭服务器了。重启的操作与此类似。

知识拓展

系统睡眠

系统睡眠时会将内存中的数据转存到硬盘中，然后关闭除内存外所有设备的供电。在系统恢复时，如果没有异常，可以直接从内存中的数据进行恢复，速度很快；如果供电异常，内存中数据丢失，还可以从硬盘上恢复，速度会慢一些。

图 1-35

图 1-36

动手练 注销及锁定

注销及锁定都是针对账户进行的操作，注销的作用是将当前登录的用户数据和系统状态进行保存，然后正常地退出用户环境，返回欢迎界面。锁定功能并不影响用户的登录状态及数据，直接返回欢迎界面，输入密码后进入桌面环境。长时间未操作也会进入锁定状态。

按Win键打开"开始"菜单，单击用户头像，从弹出的列表中选择"注销"选项，如图1-37所示，弹出如图1-38所示的"关闭Windows"对话框。如果选择了"锁定"选项，则会执行锁定操作。

图 1-37

图 1-38

1.4 系统的激活与更新

系统安装完毕后，建议立即激活系统来解锁操作权限，安装系统更新来添加新功能并修补系统漏洞。

1.4.1 系统的激活

激活后，就可以正常享受系统服务商提供的各种正版服务，未激活则很多功能会有所限制。激活的主要功能如下。

● 激活之后Windows会定期更新补丁，修复系统漏洞，保证服务器使用的安全性，维护系统安全。

● 不激活系统使用时间会受限，计算机会不定时黑屏。

● 不激活系统会被限制功能，例如，"个性化"功能无法修改壁纸、颜色、锁屏、主题、任务栏等，这些修改按钮都会变成灰色。激活之后可以使用Windows的全部功能。

● 计算机桌面右下角有试用版水印，提醒用户需要激活系统。

激活系统，可以按照下面的方法进行操作，激活时需要连接网络。

Step 01 按Win键打开"开始"菜单，从弹出的列表中选择"设置"选项，如图1-39所示。

Step 02 在弹出的"Windows设置"界面选择"更新和安全"选项，如图1-40所示。

图 1-39

图 1-40

Step 03 在"设置"界面选择左侧的"激活"选项，在右侧单击"更改产品密钥"链接，如图1-41所示。

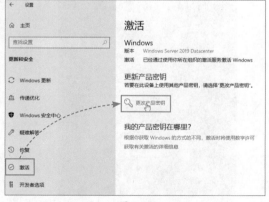

图 1-41

Step 04 按要求输入购买的产品密钥，单击"下一步"按钮，如图1-42所示。

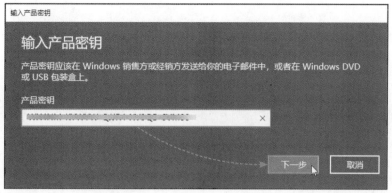

图 1-42

Step 05 系统弹出"激活Windows"对话框，单击"激活"按钮，如图1-43所示。

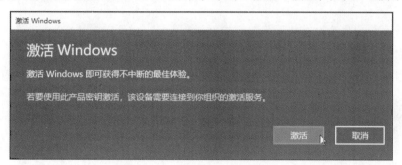

图 1-43

Step 06 如果激活成功，则会弹出成功提示，如图1-44所示。

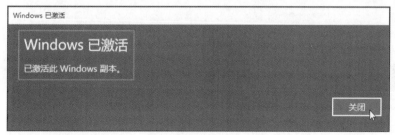

图 1-44

1.4.2 系统的更新

系统更新的主要作用如下。

● 通过功能性更新，可以为系统添加新功能。

● 通过安全性更新，可修复系统中已经被发现的漏洞，增强系统安全性。

● 自动识别并下载硬件的驱动程序，让硬件可以实现出全部功能。

下面介绍系统更新的操作步骤。

Step 01 使用Win+I组合键进入"Windows设置"界面，选择"更新和安全"选项卡，如图1-45所示。

Step 02 切换到"Windows更新"选项卡，系统会自动检查并下载需要安装的补丁程序，如果未启动检查，可以单击"检查更新"按钮，如图1-46所示。

图 1-45

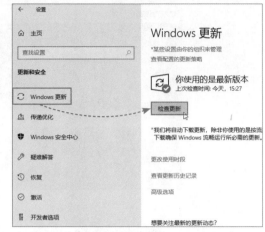

图 1-46

Step 03 系统会自动检查并下载对应的更新补丁，完成后单击"立即安装"按钮，启动补丁的安装，如图1-47所示。

Step 04 补丁安装完毕后，单击"立即重新启动"按钮重启系统，应用补丁程序，如图1-48所示。

图 1-47

图 1-48

1.5　系统的初始化

Windows Server安装完毕后，需要做一些初始化工作来方便后续的各种操作，包括调出常见图标，以及设置分辨率及桌面主题等。注意，只有激活系统后，才可以对系统执行以下操作。

1.5.1　调出常见图标

系统安装后，桌面上只有"回收站"图标。下面介绍如何调出其他常见的图标。

Step 01 在桌面上右击，在弹出的快捷菜单中选择"个性化"选项，如图1-49所示。

Step 02 在"主题"选项卡中找到并单击"桌面图标设置"链接，如图1-50所示。

图 1-49

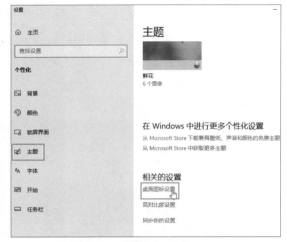

图 1-50

Step 03 勾选需要在桌面上显示的图标，完成后单击"确定"按钮，如图1-51所示。

Step 04 刷新后，可以在桌面上看到常见的各种图标，如图1-52所示。

图 1-51

图 1-52

1.5.2 个性化设置

个性化设置包括系统主题、桌面背景、颜色、锁屏界面、开始菜单、任务栏等。通过个性化设置，用户可以按照自己的习惯使用系统。下面介绍个性化设置的内容。

Step 01 在桌面上右击，在弹出的快捷菜单中选择"个性化"选项，如图1-53所示。

图 1-53

23

Step 02 切换到"背景"选项卡，可以从系统自带的桌面背景中选择合适的图片作为系统背景，如图1-54所示。也可以通过"浏览"按钮选择其他图片。

图 1-54

Step 03 在"颜色"选项卡中选择一款主题色，如图1-55所示，并在下方勾选应用的范围及应用模式复选框，如图1-56所示。

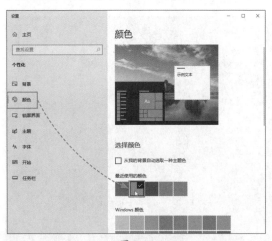

图 1-55

图 1-56

Step 04 在"锁屏"界面可以设置锁屏时的背景，如图1-57所示。在"主题"界面可以使用系统内置的主题或保存用户自定义的主题，如图1-58所示。

图 1-57

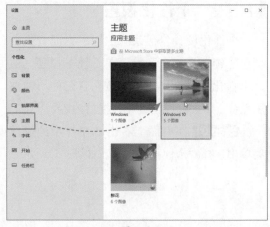

图 1-58

Step 05 在"开始"选项卡中可以设置"开始"菜单中显示的内容,如图1-59所示。

Step 06 在"任务栏"选项卡中可以设置任务栏的相关显示,如图1-60所示。

图 1-59

图 1-60

动手练 分辨率的设置

根据不同的显示器,可以自定义系统分辨率来满足不同场景的显示要求。

Step 01 在桌面上右击,在弹出的快捷菜单中选择"显示设置"选项,如图1-61所示。

Step 02 在"分辨率"板块中单击当前的分辨率下拉按钮,如图1-62所示。

图 1-61

图 1-62

Step 03 按照显示器支持的分辨率,在下拉列表中选择对应的分辨率选项,如图1-63所示。

Step 04 系统改变分辨率后,如果大小合适,单击"保留更改"按钮即可保存当前分辨率状态,如图1-64所示。

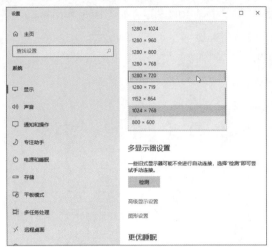

图 1-63

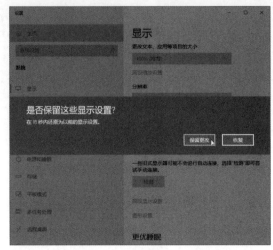

图 1-64

1.6 系统的环境设置

为了便于识别、安装服务器并提供各种服务，需要对操作系统环境进行系统性的配置，包括计算机名称、工作组、IP地址、系统变量等内容。

1.6.1 服务器名称的修改

计算机的名称在局域网中用来识别具体设备，所以名称必须唯一。计算机的默认名称是系统自动随机生成的，格式为"WIN-随机字符"。这种格式不太便于识别，所以可以手动设置成便于识别的格式。

Step 01 按Win键打开"开始"菜单，选择"服务器管理器"选项，如图1-65所示。

Step 02 在弹出的"服务器管理器"界面切换到"本地服务器"选项卡，单击计算机名，如图1-66所示。

图 1-65

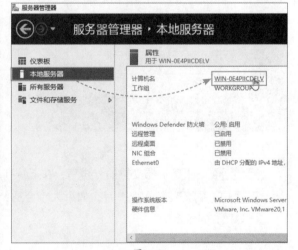

图 1-66

Step 03 在"系统属性"界面单击"更改"按钮，如图1-67所示。

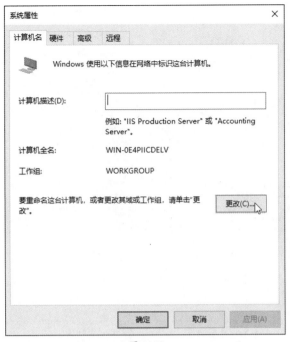

Step 04 输入新的服务器名称，单击"确定"按钮，如图1-68所示。

图 1-67

图 1-68

知识拓展

工作组

同一局域网中，相同工作组名称的设备之间可以互相通信，用户可以修改工作组名来同其他设备通信。也可以在此处将设备加入到域中。

单击"确定"按钮后，系统提示用户需要重启服务器，单击"确定"按钮，如图1-69所示，会弹出重启对话框，单击"立即重新启动"按钮，如图1-70所示。重启后服务器名称已修改完毕。

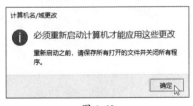

图 1-69

图 1-70

1.6.2 网络配置的修改

一般局域网中的主机会从DHCP服务器获取IP地址、子网掩码、网关、DNS服务器地址等网络参数。但通过DHCP服务器获取的IP地址会发生变化，而服务器上的服务一般监听的是固定IP地址，所以需要修改服务器的网络参数，变成固定IP地址，以方便此后各种服务的安装。下面介绍修改服务器网络参数的具体步骤。

Step 01 在"网络"图标上右击，在弹出的快捷菜单中选择"属性"选项，如图1-71所示。
Step 02 在"网络和共享中心"界面单击左侧的"更改适配器设置"链接，如图1-72所示。

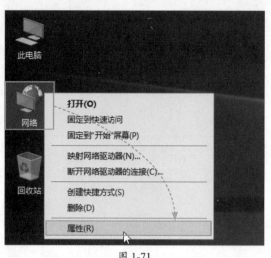

图 1-71

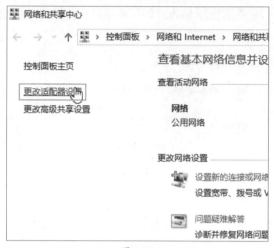

图 1-72

Step 03 在网卡上右击，在弹出的快捷菜单中选择"属性"选项，如图1-73所示。

Step 04 在弹出的"Ethernet0属性"界面双击"Internet协议版本4（TCP/IPv4）"选项，如图1-74所示。

图 1-73

图 1-74

Step 05 选中"使用下面的IP地址"单选按钮，根据局域网的配置或网络管理员提供的网络参数，设置网卡的"IP地址""子网掩码""默认网关"以及DNS服务器地址，完成后单击"确定"按钮，如图1-75所示。

知识拓展

禁止访问网页

　　如果不允许服务器访问外部网页，可以不设置DNS地址。如果不希望服务器连接外网，可以不设置默认网关地址。

Step 06 配置完毕后，用户可以在命令提示符界面使用"ping 域名"的方式测试网络是否正常，如图1-76所示。

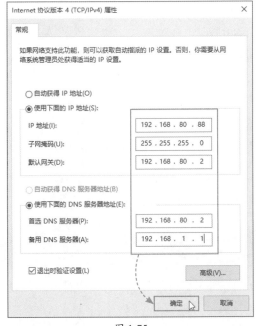

图 1-75

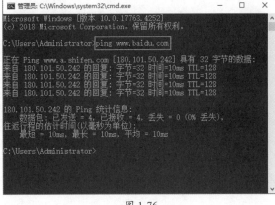

图 1-76

1.6.3　安全工具的设置

在日常使用服务器时需要比较高的安全防护措施，但在用户进行软件安装测试、服务搭建时，经常会受到这些安全防御措施的影响，产生莫名其妙的问题。此时可以关闭系统的安全防御，待测试完毕后再开启安全防护措施，或者在安全策略中设置允许操作。Windows的安全防御措施包括"防火墙""IE安全防护"以及"实时保护"等。下面介绍如何关闭系统安全防御的方法。

1. 关闭防火墙

在Windows Server系统中，有三个区域的防火墙，分别对应"域网络""专用网络"以及"公用网络"。用户可以手动关闭对应场景的防火墙，实验完毕后，再通过同样的方法开启防火墙。

Step 01 在"开始"菜单中选择"服务器管理器"选项，启动管理面板，如图1-77所示。

Step 02 在"本地服务器"选项卡中单击"Windows Defender防火墙"后面的"公用：启用"链接，如图1-78所示。

图 1-77

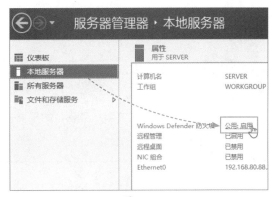

图 1-78

29

Step 03 选择当前使用的网络，如"公用网络"，如图1-79所示。

Step 04 单击"开"按钮就可以将其关闭，如图1-80所示。

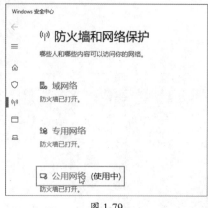

图 1-79

图 1-80

用同样的方法可以关闭其他对应场景的防火墙功能。如果要打开防火墙，再次进入该界面启动该功能即可。

2. 关闭Internet Explorer的安全防护

在Windows Server 2019中，采用增强的安全配置，每打开一个新的网页都需要用户添加信任，如图1-81和图1-82所示，非常烦琐。

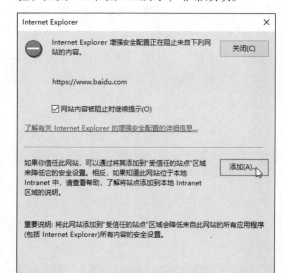

图 1-81

图 1-82

知识拓展

添加整个网站的信任

对单个网页可以直接添加信任，如果要信任某个网站的所有网页，可以使用通配符，如"https://*.baidu.com"。

用户可以关闭Internet Explorer的安全防护功能，这样就可以正常地浏览网页了，下面介绍关闭的具体步骤。

Step 01 在"服务器管理器"界面单击"IE增强的安全配置"后的"启用"链接，如图1-83所示。

Step 02 在弹出的"Internet Explorer增强的安全配置"对话框中，根据实际要求，在"管理员"及"用户"范围内关闭增强功能，完成后单击"确定"按钮，如图1-84所示。

图 1-83

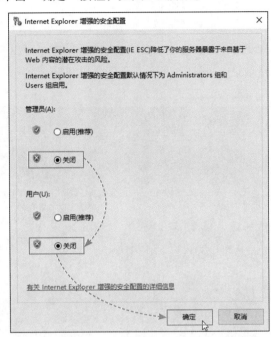

图 1-84

动手练 关闭实时保护

实时保护功能是Windows自带的，和杀毒软件实时检测可疑文件功能类似，但会误删除很多正常的软件，所以如果发生自动隔离或删除用户复制的软件的情况，可以将"实时保护"功能关闭。

Step 01 进入"服务器管理器"面板，在"本地服务"中单击"实时保护：开"链接，如图1-85所示。

Step 02 在弹出的"'病毒和威胁防护'设置"界面单击"实时保护"下的"开"按钮，即可将该功能关闭，如图1-86所示。

图 1-85

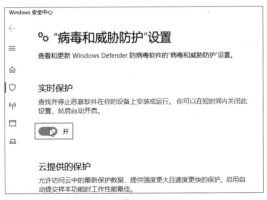

图 1-86

1.6.4 环境变量的修改

环境变量一般是指在操作系统中用来指定操作系统运行环境的一些参数，如临时文件夹位置和系统文件夹位置等，包含一个或者多个应用程序将用到的信息。例如，Windows和DOS操作系统中的path环境变量，当要求系统运行一个程序而没有告知程序所在的完整路径时，系统除了在当前目录下寻找此程序外，还应到path变量中指定的路径去找。用户通过设置环境变量能更好地运行进程。在Windows系统中，可以在命令提示符界面使用set命令查看所有的环境变量信息，如图1-87所示。下面介绍在Windows Server中修改环境变量的操作步骤。

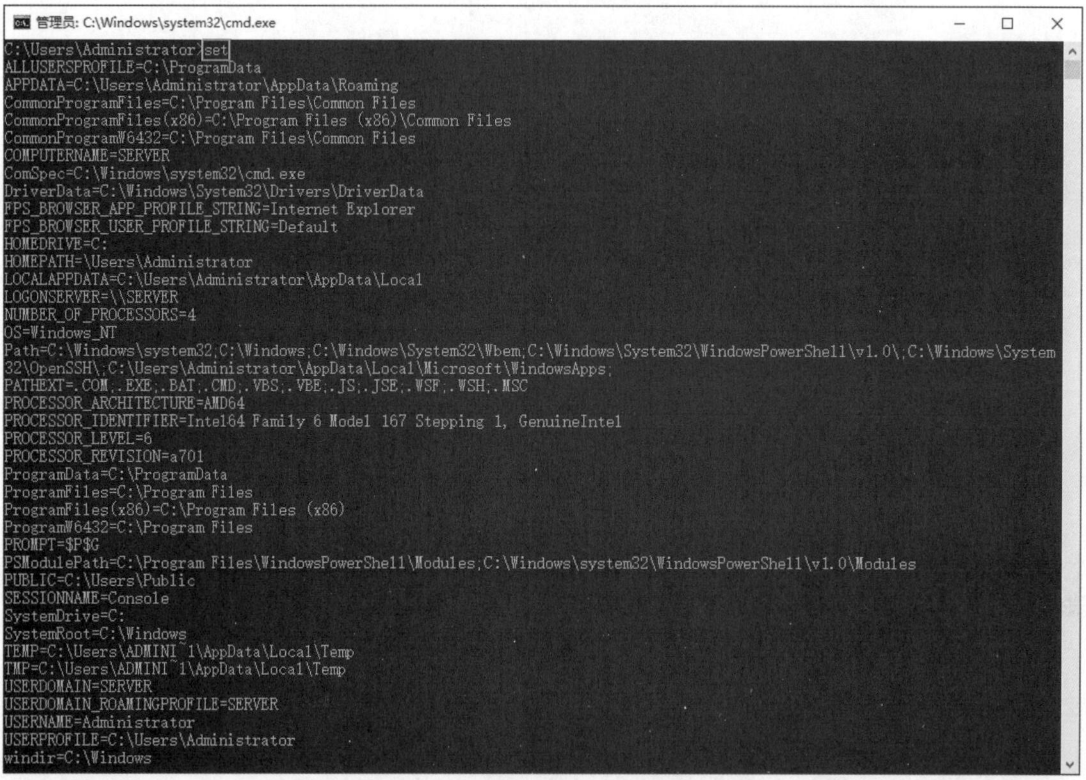

图 1-87

知识拓展

环境变量的分类

环境变量分为两类：系统变量与用户变量。

- **系统变量：** 涉及所有使用此计算机的用户，对所有用户生效。只有拥有管理员权限的用户才可以更改系统变量。
- **用户变量：** 影响当前登录的用户，不影响其他用户。

Step 01 在"此电脑"上右击，在弹出的快捷菜单中选择"属性"选项，如图1-88所示。

Step 02 在弹出的"系统"界面单击"高级系统设置"链接，如图1-89所示。

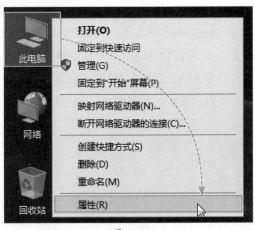

图 1-88

图 1-89

Step 03 在"系统属性"界面单击"环境变量"按钮，如图1-90所示。

Step 04 在"环境变量"界面中，上半部分是"用户变量"，下半部分是"系统变量"，可以修改当前的变量、删除变量以及新建变量。用户可以双击某变量名，如图1-91所示，根据需要进行添加和修改变量值。

图 1-90

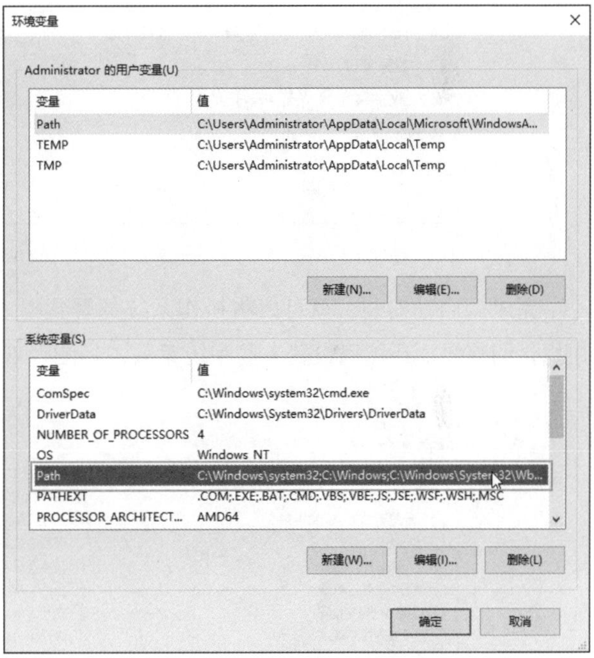

图 1-91

33

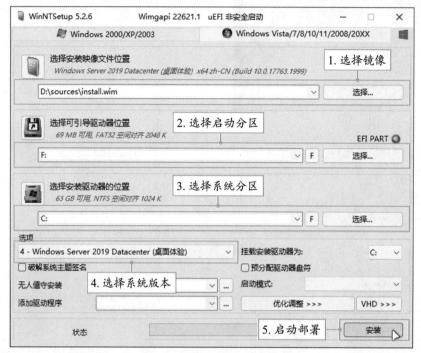

除了使用前面介绍的方法制作安装介质进行安装外，还可以使用工具将U盘制作成启动U盘，启动后进入PE环境，通过各种部署工具进行部署。最常见的是使用WinNTSetup软件，打开软件后，选择镜像文件、引导分区的位置、系统分区的位置、安装的系统版本，如图1-92所示。

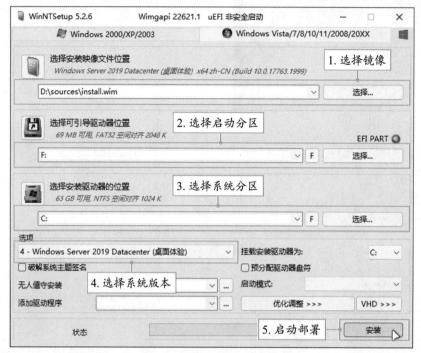

图 1-92

完成后启动安装，就可以将操作系统部署到指定位置，重启后可以安装并进入设置向导。在优化调整界面还可以设置一些系统参数，如图1-93所示。

图 1-93

第2章
本地用户与组管理

　　Windows Server系列操作系统是一个多用户的操作系统，不同用户使用不同的账号来保存各自的配置、软件、环境变量等内容，系统也通过不同的用户和组赋予使用者不同的系统管理权限。本章将介绍Windows Server中用户与组的相关知识和操作。

重点难点

- 用户账户基本知识
- 用户账户管理
- 用户组的管理

2.1 本地用户与组简介

在使用桌面版操作系统时，可以使用本地账户及微软账户登录。而服务器版的Windows Server系统只能使用本地账户登录。该账户只具备本地的相关属性和权限。下面介绍Windows Server操作系统关于账户和组的知识。

2.1.1 用户账户简介

这里的用户指的是使用或控制计算机的人，用户在操作系统中的存在形式就是用户账户。

用户账户也叫计算机用户账户，由将用户定义到某一系统的所有信息组成记录。账户为用户或计算机提供安全凭证，包括用户名和用户登录所需要的密码，以及用户使用计算机登录到网络并访问域资源的权利和权限。

Windows的用户账户也是一组权限和标记的组合体，以用户ID号的形式存在于系统中，每个用户都有不同的账户名。Windows系统会根据不同的账号创建不同的使用环境、登录界面、桌面环境等，并根据权限规定，允许或限制用户运行程序、查看文件、编辑文档等。

用户SID号

在Windows中，每个账户有自己唯一的SID（安全标识符），如某用户SID为"S-1-5-21-3365497933-3661831122-1415371288-500"。Windows系统管理员（Administrator）的UID是500，自定义用户的UID从1000开始。

2.1.2 账户名及密码要求

在Windows Server系统中，设置的用户名必须唯一，且不能与内置的默认用户账户相同（如Administrator、Guest等），所建立的用户名最多可以包含20个大写或小写的字符，但不能包含特殊符号，如"/""\""["]"":"";""=""，""+""*""?""<"">"。

在Windows Server系统中，在更改或创建密码时必须满足密码复杂性要求。

- **至少有六个字符。**
- **包含以下四类字符中的三类字符：**

  英文大写字母（A~Z）　　　　　　　　英文小写字母（a~z）

  10个基本数字（0~9）　　　　　　　　非字母字符（例如!、$、#、%）
- **密码默认最长使用期限为42天，超过后需修改密码。**

自定义密码要求

以上为默认要求，用户也可以在"本地组策略"中设置更详细的密码策略，包括最小值、最短及最长使用期限、强制密码历史等参数。

2.1.3　用户账户类型

根据不同的分类方法，用户账户的类型也不同。

1. 根据使用范围分类

根据位置和使用范围分类，可以将用户账户分为以下3类。

（1）本地账户

本地账户使用本地计算机创建，仅能在该计算机上使用。账户信息存储在本地计算机的SAM文件中。本地账户只具有本地属性和相关的权限，无法跨计算机使用。

（2）域账户

在域控制器上创建，使用域用户账户可以在域中的任意计算机上登录，并根据域控制器的设置享有相应的属性和权限。

（3）微软账户

微软账户主要应用在Windows桌面操作系统中，微软账户是用户自己在微软网站上注册的，存储在微软服务器的特殊账号，不仅可以用来登录系统，还可以用来在多台设备之间同步微软商店、云盘、计算机设置、日程安排、各种照片、好友、游戏、音乐等。而且微软账户和系统及微软的各种软件的激活也有关系，购买微软产品并绑定账号后，只要使用账号登录系统或软件，就完成了激活，非常方便。

2. 根据用户创建形式分类

根据用户创建形式的不同，可以分为内置用户账户与自定义用户账户两类。

（1）内置用户账户

系统安装完毕后即存在于系统中的用户，用于完成特定任务，常见的有Administrator和Guest账户。

- **Administrator**：系统默认的超级管理员账户。具有系统中最高的权限，用于执行计算机的管理工作，如创建用户账户、组，搭建各种服务，管理服务状态等。此账户无法被删除，默认是锁定状态，无法登录系统，无法被删除，为了保证系统安全，建议将其改名。
- **DefaultAccount**：为了防止系统安装自检配置阶段出现问题而准备的。
- **WDAGUtilityAccount**：为了Windows Defender的正常运行而创建的用户，因为Windows Defender需要最高特权才能扫描和删除本地系统中所有受感染的文件。
- **Guest**：来宾账户。主要为偶尔访问计算机或网络，但又没有自己的账户的用户使用。没有初始密码，仅有最低的权限，没有密码，无法对系统进行任何修改，只能查看计算机中的资料，执行有限的操作。默认情况下该账户是锁定状态，同样也无法被删除，但可以被改名。

（2）自定义用户账户

自定义用户账户包括管理员账户和标准账户两类，在桌面版操作系统的安装过程中创建的本地用户账户属于管理员账户。

- **管理员账户**：计算机的管理员账户拥有对全系统的控制权，能改变系统设置，可以安装和删除程序，能访问计算机上所有的文件。除此之外，还拥有控制其他用户的权限。操作系统中至少要有一个计算机管理员账户。在只有一个计算机管理员账户的情况下，该账户不能将自己改成标准账户。

● **标准账户**：标准账户是受到一定限制的账户，在系统中可以创建多个此类账户，也可以改变其账户类型。该账户可以访问已经安装在计算机上的程序，可以设置账户下的图片、密码等，但无权更改大多数的计算机设置。

2.1.4　用户组

这里的用户组指的是Windows用户账户组，组是账号的存放容器，一个组可以包含多个账户。组是一些特定权限的集合，为组赋予某些权限，只要把用户账户加入不同的组中，该用户账户就会有相应的权限。例如创建管理员账户时，就默认加入到管理员组中，而标准账户默认加入普通用户组中，所以创建的账号本身的权限是相同的，之所以会有不同权限，是因为加入了不同的管理组中。Windows Server 2019中，组的主要作用如下。

1. 简化管理

有了组的概念之后，就可以将那些具有相同权限的用户或计算机划归到一个组中，使这些用户成为该组的成员，然后通过赋予该组权限来使这些用户或计算机具有相同的权限，这样能大幅减轻管理员的用户账户管理工作。

2. 委派权限

域管理员可以使用组策略指派执行系统管理任务的权限给组，向组添加用户，用户将获得授予该组的系统管理任务的权限。而且域管理员也可授予用户对域中所有组织单位的管理权限。

3. 分发电子邮件列表

Windows Server 2019向组的电子邮件账户发电子邮件时，组中所有成员都将收到该邮件。

2.1.5　组的分类

根据不同的标准，组的分类也不同，尤其是域环境中的组会更多。

1. 组的主要分类

根据组中包含的成员资格和访问资源的权限，可以分为本地组和域组两种。

（1）本地组

和本地账户类似，本地组仅对创建它们的计算机有作用。本地组中最常见的就是管理员组和普通用户组。

（2）域组

基于域环境，主要分为安全组和通信组，而每一类又分为本地域组、全局组和通用组三种。在域组中，又分为安全组和通信组两种。

● **安全组**：将用户、计算机和其他组收集到可管理的单位中，管理员可为其指派权利和设置权限，具有安全功能，负责与安全相关的事件。

- **通信组：** 主要用于通信，负责与安全无关的事件，如用于分发电子邮件列表。

2. 根据作用域分类

在Windows Server 2019中，域组有以下三种作用域。

（1）本地域组

本地域组主要用于设置在其所属域内的访问权限，以便访问该域内的资源。本地域组存储在活动目录中，可以保护本域活动目录对象。在为资源授权时，仅在本域可见。

（2）全局组

全局组主要用于组织用户，即可以将多个被赋予相同权限的用户账户加入同一个全局组中。在为资源授权时，在整个域林范围内可见。

（3）通用组

通用组放于域林中，可以设定在所有域内的访问权限，以便访问每一个域内的资源。在为资源授权时，在整个域林范围内可见。

3. 根据创建方式分类

根据创建方式的不同，分为"内置组"和"用户自定义组"两种。

（1）内置组

内置组是在安装 Windows Server时，由系统自动创建的组，包含由系统事先定义好的执行系统管理任务的权利，可以执行相应的系统管理任务。管理员可以重命名内置组，但不能删除内置组。管理员也可以根据需要向内置组添加或删除成员。加入的用户账户也就有了该内置组的相应权限及功能。

内置组又可以分为普通内置组和特殊内置组，普通内置组分类及其作用如下。

- **Administrators：** 管理员组，默认情况下，Administrators中的用户对计算机/域有不受限制的完全访问权。分配给该组的默认权限允许对整个系统进行完全控制。一般来说，应该把系统管理员或者与其有着同样权限的用户设置为该组的成员。

- **Guests：** 来宾组，来宾组跟普通组（Users）的成员有同等访问权，但来宾账户的限制更多。该组内的用户无法永久改变其桌面的工作环境，登录时系统会建立一个临时的工作环境（临时的用户配置文件），而注销时此临时环境会被删除。该组默认的成员为用户账户Guest。

- **Users：** 普通用户组，这个组的用户无法进行有意或无意的改动。因此，用户可以运行经过验证的应用程序，但不可以运行大多数旧版应用程序。Users组是最安全的组，因为分配给该组的默认权限不允许成员修改操作系统的设置或用户资料。用户不能修改系统注册表设置、操作系统文件或程序文件。Users可以创建本地组，但只能修改自己创建的本地组。Users可以关闭工作站，但不能关闭服务器。

- **Backup Operators：** 该组内的用户可以通过Windows Server Backup工具备份与还原计算机内的文件，不论他们是否有权限访问这些文件。

- **Network Configuration Operators：** 该组内的用户可以执行常规的网络配置操作，例如更改IP地址，但是不能安装、删除驱动程序与服务，也不能执行与网络服务器（例如DNS、DHCP服务器）配置有关的操作。

- **Remote Desktop Users**：该组内的用户可以利用远程桌面来远程登录本地计算机。

特殊内置组是具有特殊功能的内置组，其成员由系统自动维护，管理员不能修改其成员。特殊内置组及其作用如下。

- **Everyone**：所有用户都属于这个组。如果Guest账户被启用，则为Everyone分配权限时需注意，当在计算机内没有账户的用户通过网络登录计算机时，会被自动允许利用Guest账户连接，此时因为Guest也隶属于Everyone组，所以将具备Everyone组所拥有的权限。
- **Authenticated Users**：凡是利用有效用户账户登录的用户，都隶属于该组。
- **Interactive**：凡是在本地登录（使用Ctrl+Alt+Del组合键登录）的用户，都隶属于该组。
- **Network**：凡是通过网络登录的用户都隶属于该组。
- **Anonymous Logon**：凡是未利用有效的用户账户连接的使用者（匿名用户），都隶属于该组。Anonymous Logon默认不隶属于Everyone组。

（2）用户自定义组

由管理员利用"本地用户和组"或"Active Directory用户和计算机"工具创建的组。

2.2 用户账户的管理

用户账户的管理操作包括用户账户的查看、创建、修改、启用/禁用、密码管理、删除、切换等。用户账户的管理操作可以在系统的多个功能板块进行。下面具体介绍用户账户的管理及操作步骤。

2.2.1 用户账户的查看

查看服务器中的用户账户信息，可以了解当前系统中是否有账户异常、账户是否存在风险等。下面介绍使用命令查看系统中的账户的具体步骤。

Step 01 使用Win+R组合键打开"运行"对话框，输入cmd，单击"确定"按钮，打开命令提示符界面，如图2-1所示。

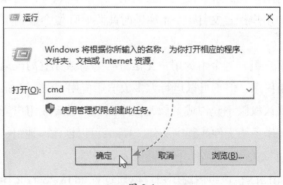

图 2-1

Step 02 使用net user命令查看系统中的所有用户信息，如图2-2所示。

图 2-2

Step 03 使用"net user 用户名"命令查看某个用户的详细信息，如图2-3所示。

Step 04 如果要查看更详细的信息，可以使用wmic useraccount list full命令，执行结果如图2-4所示。

图 2-3　　　　　　　　　　　　　　　　　　图 2-4

从中可以看到用户账户类型，512代表Windows用户账户或普通账户；Disabled代表账户是否被禁用；Localout代表账户是否被锁定；SID是该账户的安全标识符，计算机通过安全标识符识别用户。

2.2.2　用户账户的创建

在安装Windows Server 2019时，使用的是系统默认的Administrator。如果该系统多人使用，可以为每个使用者创建相应的用户账户，并赋予不同的管理权限。创建用户账户的方法非常多，下面介绍如何使用"本地用户和组"创建新用户，在该界面，也可以查看当前系统中的用户和组。

Step 01 打开"服务器管理器"面板，在"工具"下拉列表中找到并选择"计算机管理"选项，如图2-5所示。

Step 02 在"计算机管理"界面中展开左侧"本地用户和组"下的"用户"，可以看到当前系统中的所有用户，在空白处右击，在弹出的快捷菜单中选择"新用户"选项，如图2-6所示。

图 2-5

图 2-6

Step 03 填写"用户名""密码""确认密码"，取消勾选"用户下次登录时须更改密码"复选框，勾选"密码永不过期"复选框，其他按需要填写或选择，完成后单击"创建"按钮，如图2-7所示。

图 2-7

知识拓展

选项说明

图2-7中各功能选项的含义如下。

- **用户名：** 用户账户名称，在登录时需要输入用户名，必须填写。
- **全名：** 用户名的别名，是一个昵称，相当于备注说明，默认和用户名一致。设置了全名，在显示用户名时会显示全名，而不显示用户名，非必需。
- **描述：** 对该用户的描述，用于区别用户时使用，非必需。
- **密码及确认密码：** 密码区分大小写，两次一致方可设置成功，且密码默认必须符合密码强度要求，必须填写。
- **用户下次登录时须更改密码：** 登录该账户的可能是其他用户，为保证安全，验证当前设置的密码后，必须由该用户设置自己的密码方可登录。
- **用户不能更改密码：** 去除用户修改密码的权限，仅能使用当前密码登录。
- **密码永不过期：** Windows Server系统默认本次设置的密码最长使用期限为42天，提前两周会通知用户更改密码。勾选此复选框后，无该限制。
- **账户已禁用：** 勾选该复选框后，该用户账户将被禁用，无法登录和使用。

Step 04 单击"关闭"按钮,返回"计算机管理"界面,可以看到新创建的用户,如图2-8所示。

图 2-8

动手练 使用命令创建用户

和Windows桌面版一样,Windows Server系统也可以使用命令创建用户,而且如果在非桌面版本中,只能使用命令来执行各种操作。在Windows Server系统中,可以使用NET USER命令对用户进行操作。该命令的用法如下。

命令格式如下。

```
NET USER
[username [password | *] [options]] [/DOMAIN]
     username {password | *} /ADD [options] [/DOMAIN]
     username [/DELETE] [/DOMAIN]
     username [/TIMES:{times | ALL}]
     username [/ACTIVE: {YES | NO}]
```

参数说明如下。

- **username**:用户名。
- **password**:分配或变更的密码。
- *****:密码提示。
- **options**:选项,有以下几种:
  - ◆ **/ADD**:创建用户账户。
  - ◆ **/DELETE**:删除用户账户。
  - ◆ **/TIMES: <times or ALL>**:用户可以登录的小时数。
  - ◆ **/ACTIVE:[YES/NO]**:激活或停止一个用户账户。
- **/DOMAIN**:在一个域执行。

如创建一个用户test2,密码是Passwd123,则可以使用"net user test2 Passwd123/add"命令,执行效果如图2-9所示。

图 2-9

查看用户是否创建成功，如图2-10所示。

图 2-10

2.2.3 修改用户账户

用户账户的修改，包括密码的修改、账户类型的修改、账户的重命名、账户的启用和禁用等操作。

1. 修改账户密码

在使用本地用户和组创建新账户时，可以设置用户在登录时修改密码。用户在使用过程中也可以随时修改自己的密码。下面介绍修改本人账户密码的操作步骤。

Step 01 使用Win+I组合键打开"Windows 设置"界面，单击"账户"卡片，如图2-11所示。

图 2-11

Step 02 在"设置"界面的"登录选项"中找到并单击"更改"按钮，如图2-12所示。

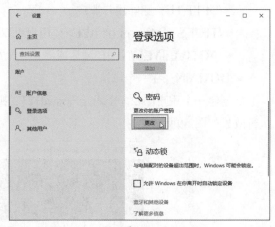

图 2-12

Step 03 输入当前登录的用户密码，单击"下一步"按钮，如图2-13所示。

Step 04 设置"新密码"及"密码提示"，完成后单击"下一步"按钮，如图2-14所示。

图 2-13

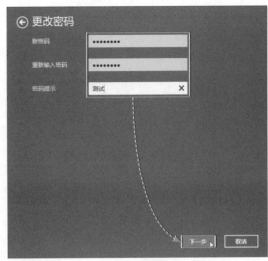

图 2-14

系统弹出成功提示，并提示在下次登录时使用新密码。单击"完成"按钮，如图2-15所示。

图 2-15

知识拓展

其他功能

该功能板块还可以设置用户账户头像、账户类型，以及删除账户。

2. 强制修改账户密码

除了用户自己修改本人的登录密码外，管理员还可以强制更改标准用户的密码，而无须验证其登录密码。

Step 01 打开开始屏幕，搜索"控制面板"并选中，如图2-16所示。

Step 02 在"设置"界面单击"用户账户"链接，如图2-17所示。

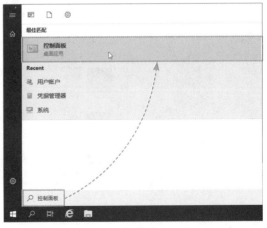

图 2-16

图 2-17

Step 03 在"用户账户"界面单击"用户账户"链接，如图2-18所示。

图 2-18

Step 04 单击"管理其他账户"链接，如图2-19所示。

图 2-19

Step 05 单击需要修改密码的账户，如test2，如图2-20所示。

图 2-20

Step 06 单击左侧"更改密码"链接，如图2-21所示。

图 2-21

Step 07 无须输入该用户原始密码，输入新密码以及密码提示后单击"更改密码"按钮，如图2-22所示。

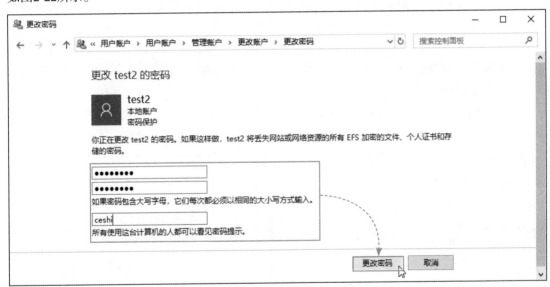

图 2-22

其他功能
　　在该功能板块中，还可以创建用户、删除用户、更改账户类型及账户名称等。

动手练 修改账户类型

　　这里使用netplwiz命令修改用户账户类型，该命令还可以添加用户、删除用户、强制修改密码、设置账户自动登录等。

　　Step 01 使用Win+R组合键打开"运行"对话框，输入netplwiz命令，单击"确定"按钮，如图2-23所示。

Step 02 如图2-24所示，在"用户账户"对话框中选中需要更改账户类型的用户，单击"属性"按钮。

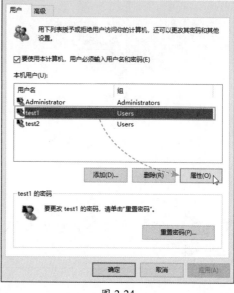

图 2-23 　　　　　　　　　　　　　　　　　　图 2-24

Step 03 在"常规"选项卡中可以修改"用户名""全名""描述"等，单击"组成员"选项卡，如图2-25所示。

Step 04 在"组成员"选项卡中选中"管理员"单选按钮，单击"确定"按钮，如图2-26所示。

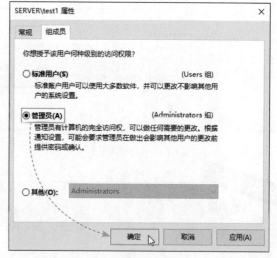

图 2-25 　　　　　　　　　　　　　　　　　　图 2-26

用户类型选择

　　用户类型选择其实就是加入对应的组中，在该界面还可以将用户设置为"标注用户"，如果想加入组，可以选中"其他"单选按钮，并在其中选择所需用户组。

3. 用户账户重命名

Windows根据账户确定权限的分配，但实际上是用账户的SID号进行识别，账户名和SID号之间做了链接，所以使用账户名等同于调用SID号。SID号是无法变动的，账户名却可以重新设置，但需要管理员权限。前面介绍了为了保障系统安全，建议将系统中的常见管理账号，如Administrator、Guest等进行重命名。下面以普通账户重命名为例，介绍具体操作步骤。

Step 01 使用Win+R组合键打开"运行"对话框，输入lusrmgr.msc命令，单击"确定"按钮，如图2-27所示。

Step 02 在打开的"本地用户和组"管理控制台（和"计算机管理"中的相应功能一致）中选择"用户"选项，在需要重命名的账户上右击，在弹出的快捷菜单中选择"重命名"选项，如图2-28所示。

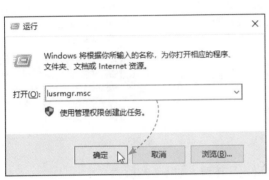

图 2-27

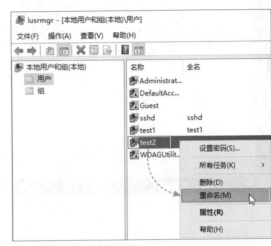

图 2-28

Step 03 此时用户名变成可编辑状态，输入新用户名后，单击任意空白位置完成更改，如图2-29所示。

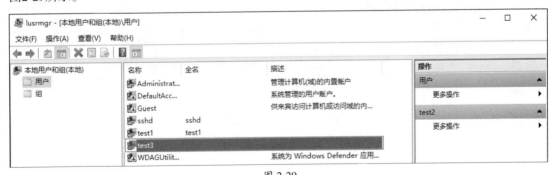

图 2-29

知识拓展

改名快捷键

选中需要改名的对象，按F2键，名称变为可编辑状态，输入新名称即可完成改名操作。

动手练 禁用及启用账户

已经被禁用的用户账户图标上有↓标记。为了安全起见，在创建用户账户时，可以将用户禁用，在用户使用前再将其启用。一些系统内置账号默认也是禁用状态，可以通过启用来使用该账户。下面介绍账户的禁用和启用设置。

Step 01 按Win键打开菜单，搜索lusrmgr.msc，选择搜索结果，如图2-30所示。

Step 02 找到并双击需要禁用的账户，如test3，如图2-31所示。

图 2-30

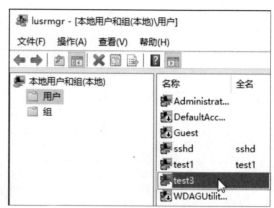

图 2-31

Step 03 勾选"账户已禁用"复选框，单击"确定"按钮，如图2-32所示。

Step 04 此时账户上出现↓标记，说明账户被禁用，如图2-33所示。

图 2-32

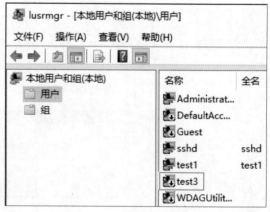

图 2-33

Step 05 如果要启用该账户，可以再次进入该账户的"属性"界面，取消勾选"账户已禁用"复选框，单击"确定"按钮即可，如图2-34所示。

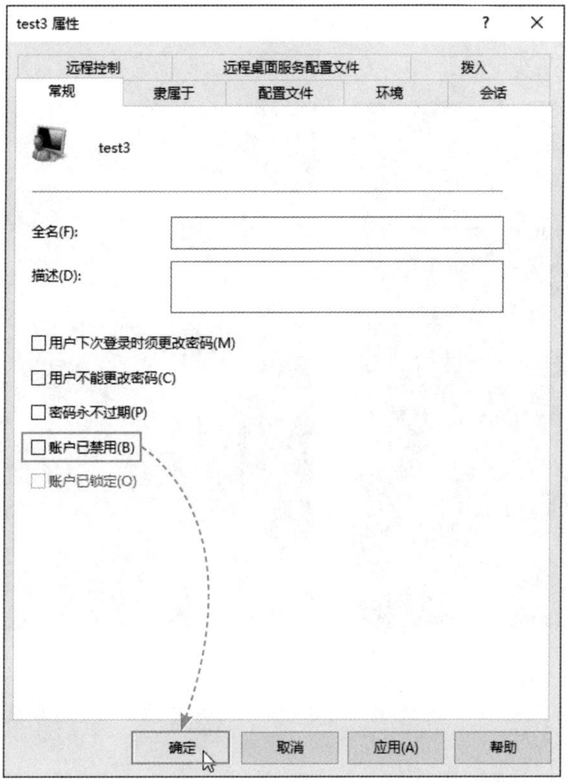

图 2-34

知识拓展

使用本地用户和组强制设置密码

在账户上右击，在弹出的快捷菜单中选择“设置密码”选项，在弹出的对话框中也可以强制修改密码，如图2-35所示。

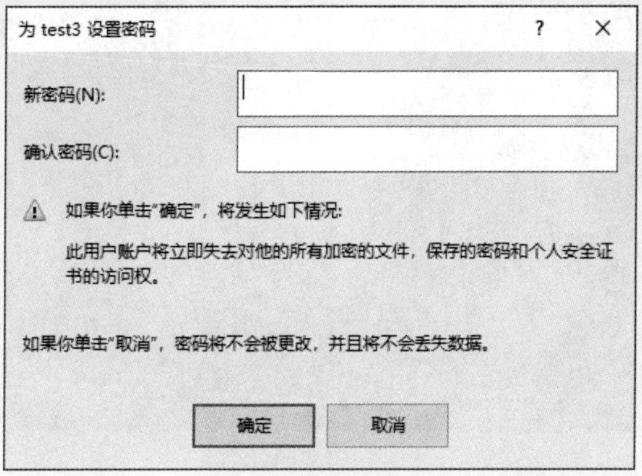

图 2-35

2.2.4 切换用户账户

创建了用户账户，启动计算机进入欢迎界面，就可以选择新的用户账户登录系统了。如果已经登录了某个账户，可以通过注销或切换账户来登录其他账户，下面介绍切换的方法。

Step 01 在桌面上单击"Win"按钮，单击用户头像，选择"注销"选项，如图2-36所示。

Step 02 解锁后，在左下角选择需要登录的账户，如图2-37所示。

图 2-36

图 2-37

Step 03 输入该用户密码即可登录，如图2-38所示。第一次启动要准备用户数据和环境，会稍慢。

图 2-38

动手练 删除用户账户

在删除用户账户时，用户的SID号、登录环境、配置等也同样会被删除，即使新建了相同的用户名，SID号也不同，所以两个账户没有任何关系。下面介绍使用Windows Admin Center删除用户账户的操作步骤。

Step 01 按照前面介绍的方法使用浏览器，进入服务器的Windows Admin Center管理界面，连接服务器，并选择"本地用户和组"选项卡，找到并选择该用户的账户名，单击"删除用户"按钮，如图2-39所示。

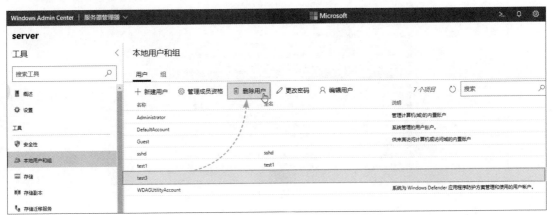

图 2-39

Step 02 系统弹出确认删除的提示，单击"是"按钮，如图2-40所示，即可将该用户账户删除。

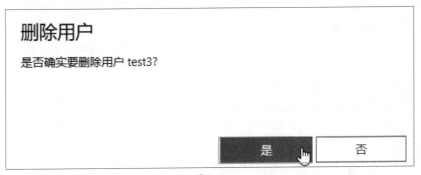

图 2-40

其他功能

在Windows Admin Center中，除了删除用户外，还可以新建用户，管理用户所加入的组，更改密码，编辑用户信息等。不过在这里新建的用户需要手动将其加入到用户组中，才可以登录。

2.3 组的管理

组的管理包括查看组、新建组、加入或退出组、删除组等操作。

2.3.1 查看组

可以在"本地用户和组"的"组"中查看系统中所有的组信息，如图2-41所示。

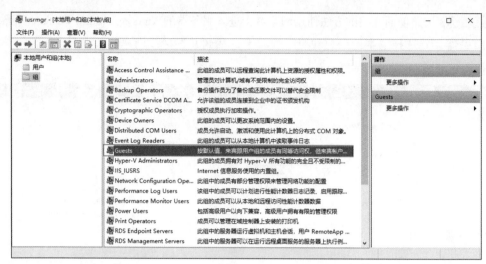

图 2-41

双击某个组后，可以查看该组中的成员，还可以看到该组的描述，通过描述信息可以知道该组的作用。只需要将用户加入到该组中，就可以获得相应的权限。

通过用户查看其所属的组

用户也可以通过账户查看其所属的组。在"用户"中双击某个用户名，如图2-42所示。在弹出的"属性"对话框中切换到"隶属于"选项卡，可以查看该用户加入的组，如图2-43所示。

图 2-42   图 2-43

2.3.2 创建组

除使用系统内的各种组以外，还可以自己创建组。下面介绍组的创建方法。

Step 01 在"本地用户和组"的"组"选项上右击，在弹出的快捷菜单中选择"新建组"选项，如图2-44所示。

Step 02 输入组名及描述信息，单击"创建"按钮，如图2-45所示。

图 2-44

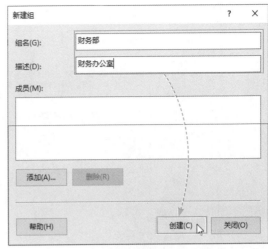
图 2-45

知识拓展

创建组同时创建用户

在创建组时，可以通过"添加"按钮将计算机中的用户添加到该组中。

关闭创建界面后，可以在列表中查看新建的组。

动手练 删除组

系统中的组不建议删除，用户自建的组可以删除。

Step 01 进入"本地用户和组"管理界面，找到并在自建的组上右击，在弹出的快捷菜单中选择"删除"选项，如图2-46所示。

图 2-46

Step 02 系统弹出提示信息，单击"是"按钮，确定删除，如图2-47所示。

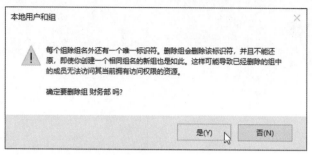

图 2-47

注意事项 不可还原

与用户账户的UID号类似，组也有组的GID号，删除某个组后，该GID号对应信息也会全部删除。即使删除后再创建同名组，因为GID号不同，也不再是删除的那个组，所以组中的用户也无法继承相应的权限。

2.3.3 加入及退出组

加入或退出组的方法有很多，下面介绍如何通过组的"属性"来加入及退出组。

Step 01 找到并双击某个组，如图2-48所示。

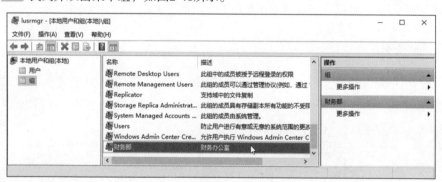

图 2-48

Step 02 在该组的"属性"界面中单击"添加"按钮，如图2-49所示。

Step 03 输入添加到该组中的用户的用户名，单击"检查名称"按钮，如图2-50所示。

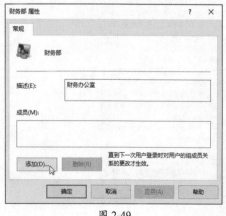

图 2-49

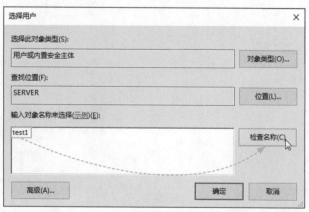

图 2-50

Step 04 如果系统中有该用户名，会自动转换用户名的格式，完成后单击"确定"按钮，如图2-51所示。

Step 05 返回后可以看到新添加到该组的用户，单击"确定"按钮退出即可，如图2-52所示。

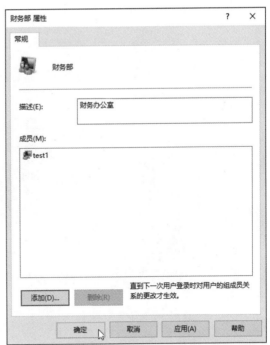

图 2-51

图 2-52

知识拓展

浏览用户

如果不知道系统中的用户名，可以在"选择用户"界面中单击"高级"按钮，如图2-53所示。在新界面中单击"立即查找"按钮，在下方会显示所有用户，从中选择用户后单击"确定"按钮即可添加，如图2-54所示。

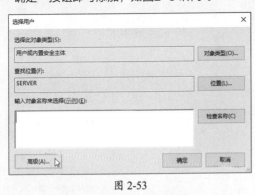

图 2-53

图 2-54

Step 06 如果要退出组，可以在该组的"属性"界面中选中要退出的用户账户，单击"删除"按钮，如图2-55所示。

Step 07 删除后的效果如图2-56所示，单击"确定"按钮退出即可。

图 2-55

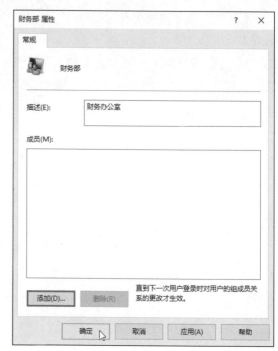

图 2-56

动手练 **从账户中加入及退出组**

　　除了通过组的"属性"功能来加入或退出组，还可以通过用户账户的"属性"界面来加入及退出组，下面介绍操作步骤。

　　Step 01 进入"本地用户和组"管理界面，切换到"用户"管理界面，双击需要加入及退出的用户账户，如图2-57所示。

　　Step 02 在用户的"属性"界面中切换到"隶属于"选项卡，可以查看该用户所属的组，如果要加入其他组中，可单击"添加"按钮，如图2-58所示。

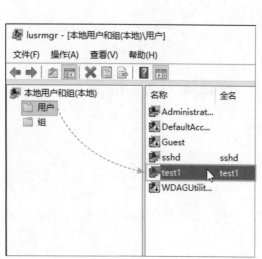

图 2-57

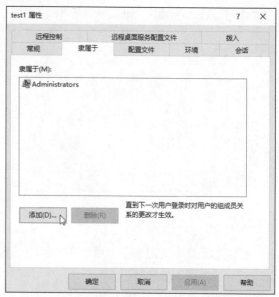

图 2-58

Step 03 输入需要加入的组名，单击"检查名称"按钮，如图2-59所示。

Step 04 如果系统中有该组，则会显示组的完整名称，完成后单击"确定"按钮，加入该组，如图2-60所示。

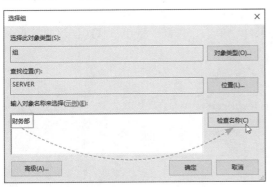

图 2-59

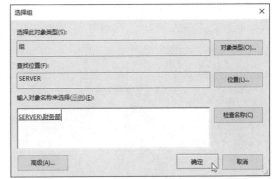

图 2-60

Step 05 返回后可以查看添加状态，单击"确定"按钮完成添加，如图2-61所示。

Step 06 如果要将用户从已加入的组中退出，可以在图2-61中选中需要删除的组，单击"删除"按钮，如图2-62所示，然后单击"确定"按钮即可。

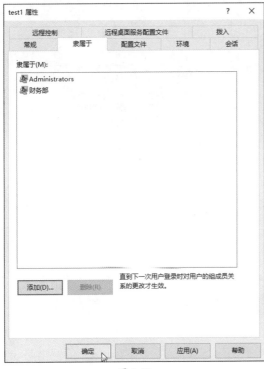

图 2-61

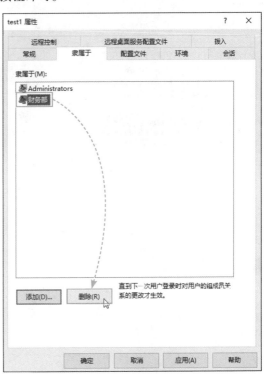

图 2-62

知识延伸：使用NTPWEdit启用账户及清空账户密码

NTPWEdit是一个可以在Windows PE里使用的小工具，可以自动搜索并编辑密码存储文件SAM，可以通过该软件启用已禁用的账户，或者清空某个用户账户的密码。

Step 01 进入PE中，找到并启动该软件，在软件中单击"打开"按钮，软件自动搜索并查找SAM文件，如图2-63所示。

Step 02 选中需要解锁的用户，单击"解锁"按钮，如图2-64所示。

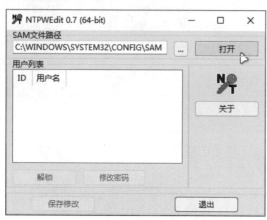

图 2-63

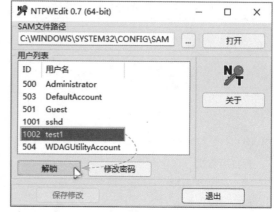

图 2-64

Step 03 选中需要清空密码的账户，单击"修改密码"按钮，如图2-65所示。

Step 04 在弹出的界面中直接单击"确定"按钮，清空密码，如图2-66所示。

图 2-65

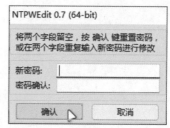

图 2-66

完成后单击"保存修改"按钮，退出PE，返回登录界面，就可以用该账户无密码登录了。

注意事项 不成功

如解锁或密码清空不成功，可以多次按照上面的步骤执行并保存。另外该方法对于Windows 10、Windows 11也同样适用。需要特别注意，如果设备本身可以随意接触到，那么安全就无从谈起了。

Windows Server服务器配置与管理标准教程（实战微课版）

第3章
文件系统管理

磁盘格式化时需要选择相应的文件系统。Windows的文件系统可以支持文件的存储、查看、修改、删除等操作，以及相关权限的设置，这些都属于文件系统的功能。通过文件系统的管理和参数设置，可以提高系统的安全性。本章介绍Windows Server操作系统中的文件系统的管理。

重点难点

- 文件系统简介
- 文件系统的权限
- 文件系统权限的设置
- 文件夹的加密

3.1 文件系统概述

文件系统是操作系统重要的组成部分之一，文件系统直接关系到数据的使用、安全、检索等功能。一个分区或磁盘在作为文件系统使用前需要初始化，并将记录数据结构写到磁盘上，这个过程就叫建立文件系统。Windows Server 2019在文件系统管理中，集成了以前版本的优势。下面介绍文件系统的相关概念。

3.1.1 文件系统简介

在计算机科学技术领域，文件系统是指操作系统用于明确存储设备（如磁盘）或分区上的文件的方法和数据结构，即在存储设备上组织文件的方法。操作系统中负责管理和存储文件信息的软件机构称为文件管理系统，简称文件系统。DOS、Windows、Linux、macOS等操作系统都有文件系统，在此系统中文件被放置在分等级的（树状）结构中的某一处。文件被放置进目录（Windows中的文件夹）或子目录（在树状结构中希望的位置）。大部分程序基于文件系统进行操作，在不同文件系统上不能工作。

文件系统的功能包括管理和调度文件的存储空间，提供文件的逻辑结构、物理结构和存储方法；实现文件从标识到实际地址的映射，实现文件的控制操作和存取操作，实现文件信息的共享，并提供可靠的文件保密和保护措施，提供文件的安全措施。

文件系统指定命名文件的规则。这些规则包括文件名的字符数最大数量，哪种字符可以使用，以及某些系统中文件名后缀可以有多长。文件系统还包括通过目录结构找到文件的指定路径的格式。文件系统是软件系统的一部分，它的存在使得应用可以方便地使用抽象命名的数据对象和大小可变的空间。

文件系统由三部分组成：文件系统的接口、对对象操纵和管理的软件集合、对象及属性。从系统角度来看，文件系统是对文件存储设备的空间进行组织和分配，负责文件存储并对存入的文件进行保护和检索的系统。具体地说，它负责为用户建立文件，存入、读出、修改、转储文件，控制文件的存取，当用户不再使用时撤销文件等。

3.1.2 常见的文件系统

在Windows系列操作系统中，常见的文件系统有FAT、FAT32、NTFS、exFAT、ReFS等。而在Linux中，比较常见的是Ext3及Ext4等。下面介绍文件系统的特点。

1. FAT 文件系统

FAT（File Allocation Table，文件分配表）也称FAT16，用于跟踪磁盘上每个文件的数据库，而FAT表存储关于簇的信息，以后就可以检索文件了。FAT文件系统可以在众多操作系统中被正确识别。

FAT文件系统最初用于小型磁盘和简单文件结构的文件系统。该文件系统得名于它的组织方法：放置在卷起始位置的文件分配表。为了保护卷，使用了两份备份。另外，为确保正确装载启动系统所必需的文件，文件分配表和根文件必须存放在固定位置。

采用FAT文件系统格式化的卷以簇的形式进行分配。默认的簇大小由卷的大小决定。对于

FAT文件系统，簇数目必须可以用16位的二进制数字表示，并且是2的次方。由于额外开销的原因，在大于511MB的卷中不推荐使用FAT文件系统。

FAT文件系统可以存储的单文件最大为2GB，不适合现在的存储环境，已逐渐被淘汰。

2. FAT32 文件系统

FAT32（增强的文件分配表）文件系统提供比FAT文件系统更先进的文件管理特性，通过使用更小的簇来更有效率地使用磁盘空间，支持超过32GB的卷。可以在容量为512MB～2TB的驱动器上使用（不支持512MB以下的分区）。

FAT32是在大型磁盘驱动器上存储文件的极有效的系统，如果用户的驱动器使用了这种格式，则会在驱动器上创建多达几百兆的额外硬盘空间，从而更有效地存储数据。此外，可使程序运行更快，而使用的计算机系统资源更少。

随着大容量存储设备的出现、新的系统启动方式的应用，以及FAT32文件系统的固有缺点（单文件最大支持4GB），现在很少在系统分区和数据分区中出现，而仅在引导分区中以及各种U盘中使用。

知识拓展

FAT32文件系统的应用

FAT32在一些特殊应用领域，如Windows的EFI分区（也可称为ESP分区）中仍在使用。因为FAT文件系统可以被多种操作系统识别，具有通用性，而且结构简单、易用，作为启动分区非常合适，如图3-1所示。

分区参数	浏览文件										
卷标		序号(状态)	文件系统	标识	起始柱面	磁头	扇区	终止柱面	磁头	扇区	容量	属性
恢复(F:)		0	NTFS		0	32	33	63	188	61	499.0MB	H
ESP(G:)		1	FAT32		63	188	62	76	92	16	99.0MB	
MSR(2)		2	MSR		76	92	17	78	102	24	16.0MB	
本地磁盘(C:)		3	NTFS		78	102	25	10198	144	58	77.5GB	
新加卷(D:)		4	NTFS		10198	144	59	15664	222	46	41.9GB	

图 3-1

3. NTFS

NTFS（新技术文件系统）是Windows NT操作环境和Windows NT高级服务器网络操作系统环境的文件系统，只有运行基于NT内核的操作系统才可以存取NTFS卷中的文件。NTFS提供FAT和FAT32文件系统所没有的、全面的性能，即可靠性和兼容性，支持文件和文件夹级的访问控制（权限），可限制用户对文件或文件夹的访问，审计文件的安全；NTFS还支持文件压缩和文件加密功能，可节省磁盘空间和保护数据安全；NTFS支持磁盘配额功能。

NTFS的设计目标是在大容量的磁盘上能够很快地执行读、写和搜索等标准的文件操作，甚至包括文件系统恢复等高级操作；NTFS包括文件服务器和高端个人计算机所需的安全特性；还支持对关键数据、重要数据的访问控制和私有权限设置，是唯一允许为单个文件指定权限的文件系统。

（1）优点

NTFS的优点如下。

- 更安全的文件保障，提供文件加密，能够大大提高信息的安全性。
- 更好的磁盘压缩功能。
- 支持最大容量达2TB的大磁盘，并且随着磁盘容量的增大，NTFS的性能不像FAT那样随之降低；可以赋予单个文件和文件夹权限：同一个文件或者文件夹可以为不同用户指定不同的权限；可以为单个用户设置权限。
- **恢复能力**：用户在NTFS卷中很少需要运行磁盘修复程序。在系统崩溃事件中，NTFS使用日志文件和复查点信息自动恢复文件系统的一致性。
- NTFS文件夹的B-Tree结构使得用户在访问较大文件夹中的文件时，速度甚至较访问卷中较小文件还快。
- 可以在NTFS卷中压缩单个文件和文件夹，且用户不需要使用解压软件将这些文件展开，可以直接读写压缩文件。
- **支持活动目录和域**：可以帮助用户方便灵活地查看和控制网络资源。
- **支持稀疏文件**：应用程序生成的一种特殊文件，文件大小非常大，但实际上只需要很少的磁盘空间；NTFS只需要给这种文件实际写入的数据分配磁盘存储空间。
- **支持磁盘配额**：可以管理和控制每个用户所能使用的最大磁盘空间。

（2）安全性

NTFS的安全特性主要体现在以下几方面。

- **许可权**：定义用户或组可以访问哪些文件或记录，并为不同的用户提供不同的访问等级。
- **审计**：可将与NTFS安全有关的事件记录到安全记录中，可利用"事件查看器"进行查看。
- **拥有权**：记住文件的所属关系，创建文件或目录的用户拥有对它的全部权限；管理员或个别具有相应许可的人可以接受文件或目录的拥有权。
- **可靠的文件清除**：NTFS会回收未分配的磁盘扇区中的数据，对这种扇区的访问将返回0值。
- **自动缓写功能**：基于记录的文件系统，记录文件和目录的变化，记录在系统失效情况下如何取消和重做这些变更。
- **热修复功能**：当扇区发生写故障时，NTFS会自动进行检测，把有故障的簇加上不能使用标记，并写入新簇。
- 磁盘镜像功能。
- 有校验的磁盘条带化。
- 文件加密。

NTFS的应用领域

NTFS主要应用在2.5英寸或3.5英寸的硬盘文件系统中，对U盘来说不太适合，也无法作为系统启动分区的文件系统。

4. ReFS

ReFS被称为"复原文件系统"或"弹性文件系统"，是在Windows 8.1和Windows Server 2012中新引入的一个文件系统。相对于NTFS，ReFS文件格式更多地提升了可靠性，特别是对于老化的磁盘或是机器断电时，可提供更强的可靠性，ReFS兼容Storage Spaces跨区卷技术，当磁盘出现读取和写入失败时，ReFS会先进行系统校验，可以检测到这些错误并进行正确的复制。

ReFS的主要优点如下。

- **复原能力：** ReFS引入了一项新功能，可以准确地检测到损坏，并且还能够在保持联机状态的同时修复这些损坏，从而有助于增加用户数据的完整性和可用性。
- **性能：** ReFS针对对性能极其敏感和虚拟化的工作负载引入新功能。实时层优化、块克隆和稀疏VDL都是不断发展的ReFS功能的绝佳示例，它们专为支持各种动态工作负载而设计。
- **可伸缩性：** ReFS设计用于支持极大型的数据集，不会对性能产生负面影响，从而实现比以前的文件系统更好的缩放。
- **其他特性：** 镜像加速奇偶校验、文件级快照、块克隆。

当然ReFS与NTFS相比也有一些缺点，包括不支持文件系统压缩、文件系统加密、磁盘配额、引导系统、页面文件支持、扩展的属性、短名称、对象ID等。

Windows Server 2019支持卷格式化为ReFS。进入"磁盘管理"界面，在卷上右击，在弹出的快捷菜单中选择"格式化"选项，如图3-2所示。在弹出的界面中单击"文件系统"下拉按钮，在下拉列表中选择REFS选项，如图3-3所示，确定后即可格式化ReFS文件系统。

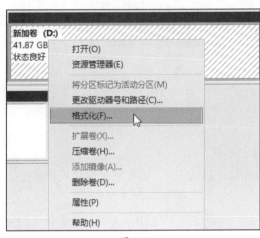

图 3-2

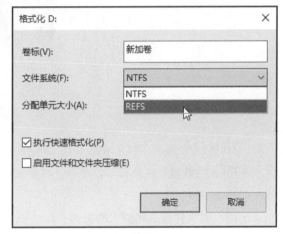

图 3-3

5. exFAT

exFAT（Extended File Allocation Table File System，扩展FAT，即扩展文件分配表）是微软公司在Windows Embedded 5.0以上系统中引入的一种适合于闪存的文件系统，为了解决FAT32等不支持4GB及更大的文件而推出。对于U盘（闪存）来说，exFAT更为适用。

现在的镜像以及其中的WIM文件经常会大于4GB（单文件大于4GB），因而无法将其移至U盘上，此时可以采用exFAT文件系统。但exFAT文件系统的U盘对于系统引导的兼容性并不高，一般作为U盘的主存储使用。而U盘的主引导一般仍然使用FAT32格式。

6. Ext3 文件系统

Ext是Linux系统中标准的文件系统，其特点是存取文件的性能极好，对于中小型文件更有优势，这主要得利于其簇快取层的优良设计。

Ext3是一种日志式文件系统，是对Ext2系统的扩展，且兼容Ext2。日志式文件系统的优越性：由于文件系统都有快取层参与运作，在不使用时必须将文件系统卸下，以便将快取层的资料写回磁盘中。因此每当系统要关机时，必须将所有的文件系统全部关闭后才能进行关机。

7. Ext4 文件系统

Linux kernel自2.6.28 开始正式支持新的文件系统Ext4。Ext4是Ext3的改进版，修改了Ext3中部分重要的数据结构，而Ext3相对于Ext2，只是增加了一个日志功能而已。在Ubuntu系统中，可以查看Ext4文件系统，如图3-4所示。

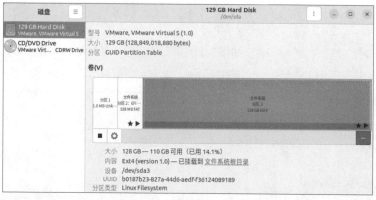

图 3-4

Ext4可以提供更佳的性能和可靠性，还有更丰富的功能。

- **与Ext3兼容**：执行若干条命令，就能从Ext3在线迁移到Ext4，而无须重新格式化磁盘或重新安装系统。
- **更大的文件系统和更大的文件**：较之Ext3目前所支持的最大16TB的文件系统和最大2TB的文件，Ext4分别支持1EB的文件系统，以及16TB的文件。
- **无限数量的子目录**：Ext3 目前只支持32000个子目录，而Ext4支持无限数量的子目录。
- **Extents**：Ext3采用间接块映射，当操作大文件时，效率极其低下。而Ext4引入了现代文件系统中流行的Extents概念，每个Extent为一组连续的数据块，提高了效率。
- **延迟分配**：Ext3的数据块分配策略是尽快分配，而Ext4和其他现代文件操作系统的策略是尽可能地延迟分配，这样能优化整个文件的数据块分配。
- **日志校验**：日志是最常用的部分，也极易导致磁盘硬件故障。Ext4的日志校验功能可以很方便地判断日志数据是否损坏，在增加安全性的同时提高了性能。
- **"无日志"模式**：日志总归有一些开销，Ext4允许关闭日志，以便某些有特殊需求的用户可以借此提升性能。

- **在线碎片整理：** Ext4支持在线碎片整理，并将提供e4defrag工具进行个别文件或整个文件系统的碎片整理。
- **持久预分配：** Ext4在文件系统层面实现了持久预分配并提供相应的API，比应用软件自己实现更有效率。

3.2 文件系统的权限

无论是在本地还是通过网络访问操作系统中的文件及目录，或者对文件及目录进行各种操作，都会涉及权限。是否允许或拒绝都是文件系统中所分配的权限决定的。下面介绍文件系统权限相关的知识。

3.2.1 权限简介

计算机领域的权限是指与计算机或网络上的对象（文件或文件夹）关联的规则。权限确定了是否可以访问某个对象，以及可以执行哪些操作。

在Windows Server系统中，文件权限仅适用于NTFS、RsFS格式化的磁盘分区，不能用于FAT、FAT32文件系统格式化的磁盘分区。

在磁盘分区上的文件和文件夹，存储了一个远程访问控制列表（ACL）。ACL中包含了被授权访问该文件或者文件夹的所有用户的账户、组和计算机，还包含被授予的访问类型。针对相应的用户账户、组或者该用户所属的计算机，ACL中必须包含一个对应的元素，这样的元素叫作访问控制元素（ACE）。为了让用户能够访问文件或者文件夹，访问控制元素必须具有用户所请求的访问类型。如果ACL中没有相应的ACE存在，Windows Server就拒绝该用户访问相应的资源。

3.2.2 基本权限

基本权限也叫标准权限，利用基本权限，可以控制用户对特定文件和文件夹进行访问和修改。基本权限根据对象的不同，分为文件的基本权限和文件夹的基本权限。

1. 文件的基本权限

如要查看文件或文件夹的权限，可以在文件上右击，在弹出的快捷菜单中选择"属性"选项，如图3-5所示，在"属性"界面切换到"安全"选项卡，选择某个用户或组后，就可以查看文件权限，如图3-6所示。

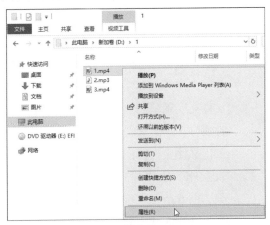

图3-5

基本权限包括6种，具体的类别和作用如下。

- **完全控制**：对文件的最高权力，除了拥有上述其他所有的权限外，还可以修改文件的权限以及替换文件的所有者。
- **修改**：包含写入权限能够执行的所有操作，并可以删除文件。
- **读取和执行**：包含读取的全部权限，并可运行应用程序和可执行文件。
- **读取**：可以读取文件内容，查看文件属性、权限配置等，但不能修改文件内容。
- **写入**：包含读取和执行的所有权限，并可修改文件或文件的属性和内容，但不可以删除文件。
- **特殊权限**：对文件权限更为详细的设置。

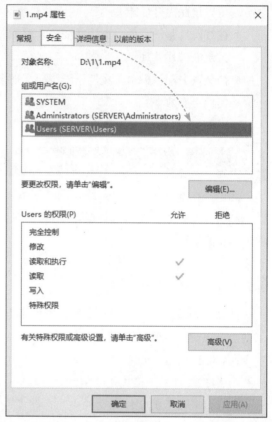

图 3-6

2. 文件夹的基本权限

文件夹的基本权限与文件的基本权限类似，也可以在文件夹的"安全"选项卡中查看，如图3-7所示。

文件夹的基本权限有7个，增加了"列出文件夹内容"选项。各项功能和作用如下。

- **完全控制**：除了拥有前面所有的权限外，还可以更改权限以及获取所有权。
- **修改**：除了拥有以上权限外，还可以删除文件夹。
- **读取和执行**：与列出文件夹内容的权限相同，但列出文件夹内容的权限只会被文件夹继承，而读取和执行会同时被文件夹与文件继承。
- **列出文件夹内容**：除了拥有读取的所有权限外，还具备遍历文件夹的特殊权限，也就是可以遍历该文件夹下的所有子目录结构。

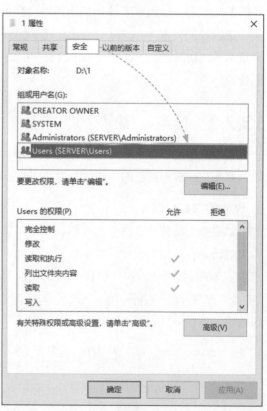

图 3-7

- **读取**：查看文件夹内的文件与子文件夹名称，查看文件夹属性与权限。
- **写入**：可以在文件夹内新建文件与子文件夹、修改文件夹属性等。
- **特殊权限**：可对文件夹权限进行更为详细的设置。

3.2.3 高级权限

除了基本权限外，还可以在"安全"选项卡中单击"高级"按钮，从权限中双击某用户或组，在弹出的界面中单击"显示基本权限"链接，可以查看高级权限设置，如图3-8所示。

图 3-8

文件夹的高级权限比文件，增加了一个"删除子文件夹及文件"选项，如图3-9所示。

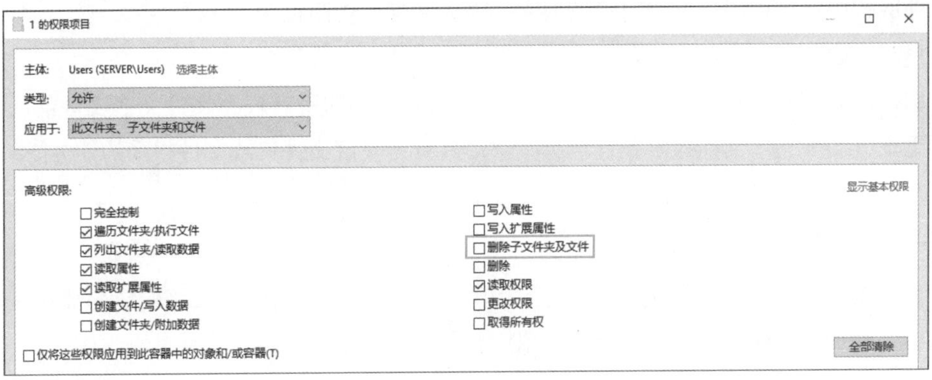

图 3-9

- **完全控制**：对文件的最高权力，在拥有文件夹的所有基本权限以外，还可以修改文件权限以及替换文件所有者。
- **遍历文件夹/执行文件**："遍历文件夹"可以让用户即使在无权访问某个文件夹的情况下，仍然可以切换到该文件夹内。这个权限设置只适用于文件夹，不适用于文件。"执行文件"是让用户可以运行程序文件，该权限设置只适用于文件，不适用于文件夹。

知识拓展

文件夹遍历生效

只有当组或用户在"组策略"中没有赋予"绕过遍历检查"用户权力时，对文件夹的遍历才会生效。默认情况下，Everyone组具有"绕过遍历检查"的权力，所以此处的"遍历文件夹"权限设置不起作用。

- **列出文件夹/读取数据**："列出文件夹"让用户可以查看该文件夹内的文件名称与子文件夹的名称。"读取数据"可以让用户可以查看文件内的数据。
- **读取属性**：该权限让用户可以查看文件夹或文件的属性，例如只读、隐藏等属性。
- **读取扩展属性**：该权限让用户可以查看文件夹或文件的扩展属性。扩展属性是由应用程序自行定义的，不同的应用程序可能有不同的设置。
- **创建文件/写入数据**。"创建文件"让用户可以在文件夹内创建文件；"写入数据"让用户能够更改文件内的数据。
- **创建文件夹/附加数据**："创建文件夹"让用户可以在文件夹内创建子文件夹；"附加数据"让用户可以在文件的后面添加数据，但是无法更改、删除、覆盖原有的数据。
- **写入属性**：该权限让用户可以更改文件夹或文件的属性，例如只读、隐藏等属性。
- **写入扩展属性**：该权限让用户可以更改文件夹或文件的扩展属性。扩展属性是由应用程序自行定义的，不同的应用程序可能有不同的设置。
- **删除子文件夹及文件**：该权限让用户可以删除该文件夹内的子文件夹与文件，即使用户对这个子文件夹或文件没有"删除"的权限，也可以将其删除。
- **删除**：该权限让用户可以删除该文件夹与文件。即使用户对该文件夹或文件没有"删除"的权限，但是只要用户对其父文件夹具有"删除子文件夹及文件"的权限，还是可以删除该文件夹或文件。
- **读取权限**：该权限让用户可以读取文件夹或文件的权限设置。
- **更改权限**：该权限让用户可以更改文件夹或文件的权限设置。
- **取得所有权**：该权限让用户可以获得文件夹或文件的所有权。文件夹或文件的所有者，无论该文件夹或文件权限是什么，其永远具有更改该文件夹或文件权限的能力。

3.2.4 权限的累加

以上介绍了操作系统权限的具体功能，访问某文件或文件夹时，最终的权限往往是多种权限的组合、叠加。下面介绍一些常见的权限组合及最终权限判定的一些常见原则。

1. 权限的叠加

文件和文件夹的操作对象是用户，而这些用户往往分属于不同的用户组，在访问时，最终权限是用户和组的权限的叠加。例如某文件隶属于user1组与user2组，user1组对文件的权限是"读取"，user2组对文件的权限是"写入"，test用户既属于user1组又属于user2组，所以test用户对该文件的最终有效访问权限为"读取"和"写入"。

2. "拒绝"权限更高

"拒绝"权限会覆盖其他的所有权限。虽然用户的最终权限是所有权限的叠加，但其中只要有某个权限是"拒绝"，那么用户将无法访问该资源。还是以上个案例的结构为例，如果user1组对文件是"允许写入"，而user2组对文件是"拒绝写入"，那么test用户最终还是无法对文件进行编辑。

3. 权限的继承

针对某文件夹设置权限后，该权限默认会被文件夹下的文件与子文件夹继承。如设置test用户对某文件夹具有"读取"权限，那么test用户默认也会对该文件夹下的文件和文件夹具有"读取"权限。

当然也可以在设置文件夹权限时，不允许子文件夹和文件继承；也可以在设置子文件夹和文件的权限时，不继承父文件夹的默认权限。

4. 权限覆盖

如test用户对某文件夹没有任何权限，却对该文件夹中的某文件具有"读取"权限，那么仍可以读取该文件的内容。

3.2.5 权限的转移

当复制和移动文件和文件夹时，权限也会相应地进行变动。

1. 复制文件或文件夹

默认情况下，复制文件或文件夹后，原文件或文件夹的权限不变，而复制后的文件或文件夹会继承其父文件夹的权限。

2. 移动文件或文件夹

默认情况下，移动文件或文件夹，如果源位置和目的位置在同一个分区，那么会保留其原有的权限，包括自身的权限和其从父文件夹继承的权限，如果源位置和目的位置不在同一个分区，那么不仅其本身的权限丢失，其继承的权限也会丢失，会继承目标位置父文件夹的相应权限。

知识拓展

FAT文件系统的文件复制或移动

以上权限转移是指在NTFS或ReFS文件系统中。如果在FAT、FAT32文件系统中，那么所有的权限将全部丢失。

3.3 权限的配置

权限的配置需要根据需求为对应的用户或用户组进行访问权限的赋予。下面介绍在NTFS文件系统中为文件或文件夹配置权限的相关操作。

3.3.1 编辑权限

文件或文件夹是以用户或用户组为对象分配相应的权限，默认情况下，会从父目录处集成相应的用户或用户组权限，用户可以手动添加用户或组，再进行权限的设置。由于文件和文件夹的权限设置方法一致，下面以文件夹为例介绍设置的方法。

Step 01 在文件夹上右击，在弹出的快捷菜单中选择"属性"选项，如图3-10所示。

Step 02 切换到"安全"选项卡，单击"编辑"按钮，如图3-11所示。

图 3-10

图 3-11

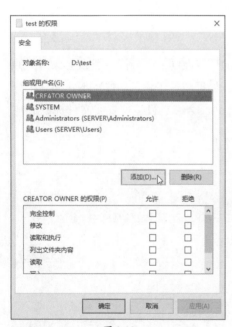

图 3-12

Step 03 单击"添加"按钮，如图3-12所示。

Step 04 输入要添加的用户或组，单击"检查名称"按钮，如果名称可以解析无误，则单击"确定"按钮，如图3-13所示。

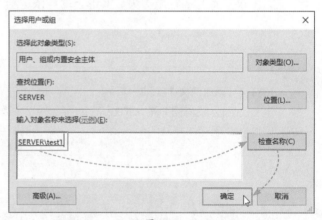

图 3-13

知识拓展

用户全称

通常的用户都是使用用户名，其实完整的用户名格式应该是"计算机名\用户名"，主要用来区别其他设备中或域中的用户，虽然用户名有可能相同，但是完整的名称是不同的。

Step 05 返回权限设置界面，选择添加的用户后，根据需要勾选对应的权限，如图3-14所示，完成后单击"确定"按钮即可退出。

图 3-14

注意事项 选项为灰色

　　一些从父级文件夹继承的用户或用户组，"允许"列的权限是灰色的，且无法修改，但可以给予其"拒绝"权限，如图3-15所示。也可以取消继承后修改"允许"列的权限。

图 3-15

3.3.2　取消继承

　　默认情况下，子文件夹会继承父文件夹中的用户列表及相应的访问权限。但也因为如此，很多需要调整或修改的权限就无法完成，此时就需要取消权限的继承。下面介绍取消权限继承的操作步骤。

Step 01 进入文件夹"属性"界面的"安全"选项卡中，单击"高级"按钮，如图3-16所示。

Step 02 在弹出的"高级安全设置"界面单击"禁用继承"按钮，如图3-17所示。

图 3-16　　　　　　　　　　　　　　　图 3-17

此处还可以看到授权的用户和用户组、权限、继承的父目录、继承的子目录等信息。

Step 03 在弹出的确认对话框中，选择"将已继承的权限转换为此对象的显式权限"选项，如图3-18所示。

知识拓展

其他选项

如果选择了"从此对象中删除所有已继承的权限"选项，那么除了手动添加的授权用户和组外，所有基于继承的条目将全部删除。

Step 04 此时会保留所有的授权用户和组以及相应的权限，但会取消所有的继承，单击"确定"按钮完成取消继承，如图3-19所示。

图 3-18   图 3-19

知识拓展

启用继承

如果需要继承，则单击图3-19中的"启用继承"按钮。取消继承后，就可以按照前面的方法对该文件夹的所有授权用户和组设置"允许"的相关权限。

动手练 夺取所有权

在使用计算机访问、删除某些文件或文件夹时，会出现"你当前无权访问该文件夹"的提示信息，如图3-20所示。这是由于该文件或文件夹被设置了访问权限，或用户本身就不在文件夹的访问对象中，所以用户如果没有相应的权限，就无法对文件或文件夹进行处理。

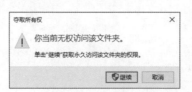

图 3-20

操作系统默认创建该文件或文件夹的用户就是其所有者，所有者具有更改该文件或文件夹的能力。但其他用户可以通过夺取的方式更改文件的所有者，从而对文件进行各种操作。具备夺取所有权操作权限的用户需要对该文件或文件夹具有以下权限。

- 拥有"夺取所有权"的特殊权限。
- 拥有"更改权限"的特殊权限。
- 拥有"完全控制"的特殊权限。

下面介绍夺取所有权的具体操作。

Step 01 进入其他用户创建的文件夹的"高级安全设置"模式，单击"更改"按钮，如图3-21所示。

Step 02 查找并选择新的所有者，单击"确定"按钮，如图3-22所示。

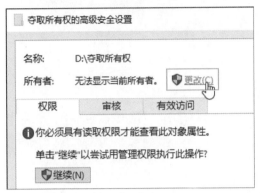

图 3-21

图 3-22

Step 03 返回上一级后，勾选"替换子容器和对象的所有者"复选框，单击"应用"按钮，如图3-23所示。

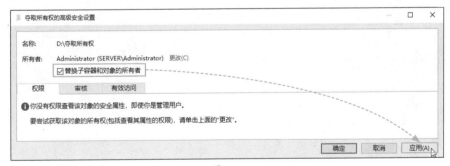

图 3-23

Step 04 系统弹出安全提示，单击"是"按钮，如图3-24所示。

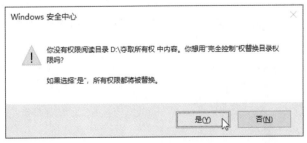

图 3-24

系统提示需要重新打开该界面，单击"确定"按钮并返回上一级，重新打开"夺取所有权的高级安全设置"界面，可以看到此时已经完成了夺权操作，当前的所有者为Administrator，如图3-25所示。用户可以继续执行其他的操作。

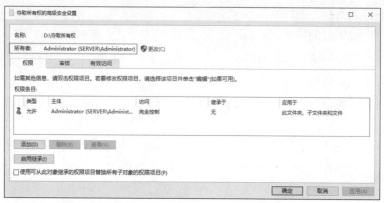

图 3-25

3.3.3 高级权限设置

在"高级安全设置"界面还可以设置文件或文件夹的高级权限，高级权限包括基本权限设置和高级权限设置。

1. 修改基本权限

和普通的权限编辑类似，系统的高级权限设置也需要添加权限的应用对象后，才能进行权限的设置。

Step 01 进入文件或文件夹的"高级安全设置"界面，单击"添加"按钮添加新的操作对象，如图3-26所示。

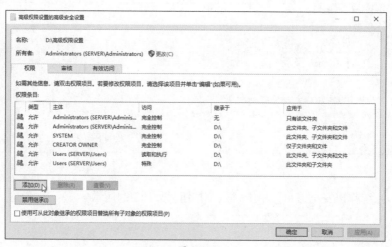

图 3-26

知识拓展

删除操作对象

如果要删除操作对象，在"高级安全设置"界面选择需要删除的用户或用户组，单击"删除"按钮就可以将操作对象删除。

Step 02 单击"选择主体"链接，如图3-27所示。

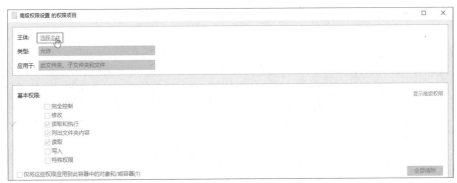

图 3-27

Step 03 在弹出的"选择用户或组"对话框中，输入要添加的用户名或用户组名称，单击"检查名称"按钮，当存在此用户或用户组时，名称会转换为"计算机名\用户名"的格式，如图3-28所示，单击"确定"按钮。

Step 04 在弹出的"高级权限设置的权限项目"对话框中可以设置类型和应用范围，勾选相应的权限复选框，如图3-29所示，完成后单击"确定"按钮就可以应用这些权限。

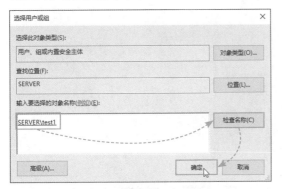

图 3-28

图 3-29

知识拓展

继承的限制

需要注意，此时修改对象是新添加的用户或用户组，继承的对象无法进行修改，仅能查看，如图3-30所示。可以取消继承后再修改。

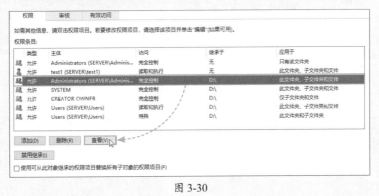

图 3-30

2. 修改高级权限

可以在设置基本权限的界面中单击"显示高级权限"链接修改高级权限，如图3-31所示。

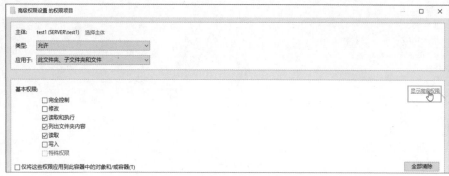

图 3-31

在高级权限中会显示更多的权限项目，按需求勾选相应复选框，如图3-32所示，单击"确定"按钮即可生效。

图 3-32

动手练 **查看有效访问权限**

有效访问是指用户或用户组对文件或文件夹的最终访问权限。权限是一个复合体，是所有权限综合后的结果。在配置了很多权限后，可以通过有效访问查看某用户或用户组对某个文件或文件夹的最终访问权限。

Step 01 进入文件或文件夹的"高级权限设置的高级安全设置"界面，切换到"有效访问"选项卡，单击"选择用户"链接，如图3-33所示。

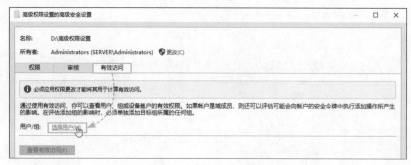

图 3-33

Step 02 查找并选择用户，单击"确定"按钮，如图3-34所示。

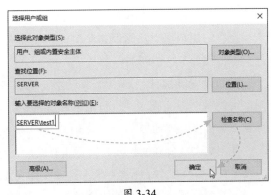

图 3-34

Step 03 返回上一级对话框后，单击"查看有效访问"按钮，如图3-35所示，其中有×图标的行代表不含有该权限。

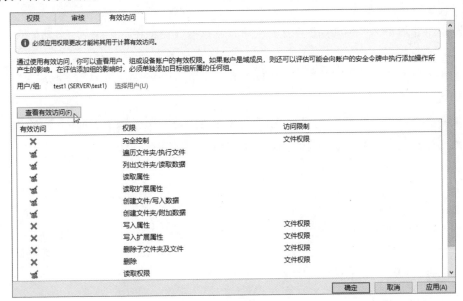

图 3-35

3.4 文件及文件夹的加密

NTFS文件系统的一个优势是支持文件的加密。加密的文件或文件夹只能创建者本人才能读取，其他非授权用户访问时会收到"访问拒绝"的错误提示。下面介绍加密的相关知识和操作。

3.4.1 加密文件系统简介

加密文件系统（Encrypting File System，EFS）是Windows的一项功能，它允许用户将文件夹和文件以加密的形式存储在磁盘上。该技术用于NTFS、ReFS文件系统卷上存储已加密的文件夹或文件。与其他第三方加密软件不同，EFS加密了文件或文件夹之后，还可以像使用其他文件和文件夹一样正常使用它们。因此加密、解密对加密该文件的用户是透明的，即不必在使用前手动解密已加密的文件，就可以正常打开和更改文件。

使用EFS类似于使用文件和文件夹上的权限。两种方法都可用于限制数据的访问。然而，未经授权的用户将无法阅读这些文件和文件夹中的内容。如果试图打开或复制已加密文件或文件夹，将收到拒绝访问消息。

正如设置其他任何属性（如只读、压缩或隐藏）一样，通过为文件夹和文件设置加密属性，可以对文件夹或文件进行加密和解密。如果加密文件夹，则在加密文件夹中创建的所有文件和子文件夹都自动加密。

使用加密文件和文件夹时需要注意以下几点：

- 只有NTFS、ReFS卷上的文件或文件夹才能被加密。
- 不能加密压缩的文件或文件夹。如果用户加密某个压缩文件或文件夹，则该文件或文件夹会被解压。换句话说，数据的压缩和加密只能选其一。
- 如果将加密的文件复制或移动到非NTFS、ReFS格式的卷上，该文件将会被解密（压缩也一样）。
- 如果将非加密文件移动到加密文件夹中，则这些文件将在新文件夹中自动加密。反向操作则不能自动解密文件。
- 无法加密标记为"系统"属性的文件，并且位于"%systemroot%"目录结构中的文件也无法加密。
- 加密文件夹或文件不能防止删除或列出文件或目录。具有合适权限的人员可以删除或列出已加密文件夹或文件。因此，建议结合文件权限使用EFS。

知识拓展

加密文件的传输

在允许进行远程加密的远程计算机上可以加密或解密文件及文件夹。如果通过网络打开已加密文件，通过此过程在网络上传输的数据并未加密。必须使用诸如SSL/TLS（安全套接字层/传输层安全性）或Internet协议安全性等其他协议通过有线加密数据。

3.4.2 加密操作

加密、解密、授权是常见的操作，下面介绍具体的步骤。

1. 启动加密

文件与文件夹的加密类似，推荐在文件夹级别上加密。下面介绍操作步骤。

Step 01 进入文件夹的"加密演示属性"界面，单击"高级"按钮，如图3-36所示。

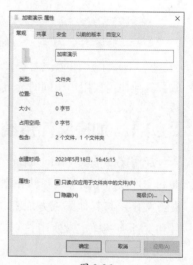

图3-36

Step 02 勾选"加密内容以便保护数据"复选框,单击"确定"按钮,如图3-37所示。

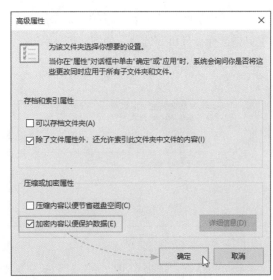

图 3-37

Step 03 返回"加密演示属性"界面,单击"确定"按钮,如图3-38所示。

Step 04 系统弹出应用提示,选中"将更改应用于此文件夹、子文件夹和文件"单选按钮,单击"确定"按钮,如图3-39所示。

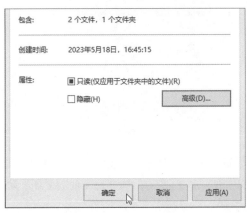

图 3-38

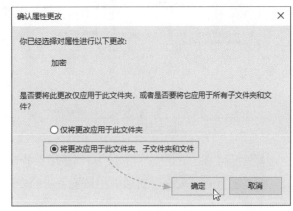

图 3-39

2. 备份加密密钥

启动了加密后,在界面右下角会弹出"备份文件加密密钥"的提示,如图3-40所示。备份加密密钥可以解决EFS证书丢失、文件夹无法访问的问题。下面介绍备份过程。

图 3-40

Step 01 使用Win+R组合键打开"运行"对话框,输入certmgr.msc命令,单击"确定"按钮,如图3-41所示。

Step 02 展开"个人"下的"证书"项目，在出现的用户名上右击，在"所有任务"级联菜单中选择"导出"选项，如图3-42所示。

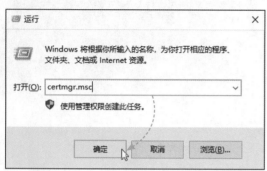

图 3-41

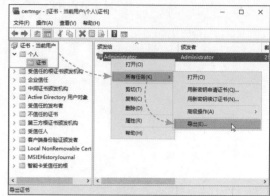

图 3-42

Step 03 在"证书导出向导"对话框中单击"下一页"按钮，如图3-43所示。

Step 04 选中"是，导出私钥"单选按钮，单击"下一页"按钮，如图3-44所示。

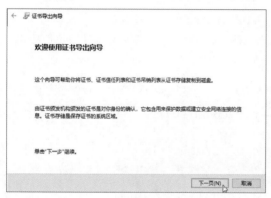

图 3-43

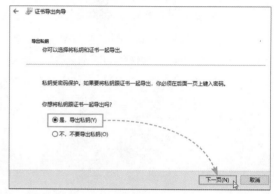

图 3-44

Step 05 在"导出文件格式"对话框中保持默认设置，单击"下一页"按钮，如图3-45所示。

Step 06 在"安全"对话框中设置备份的安全密码和加密方式，单击"下一页"按钮，如图3-46所示。

图 3-45

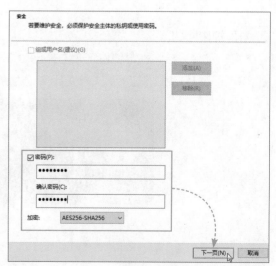

图 3-46

Step 07 在"证书导出向导"对话框中浏览保存位置并设置保存的文件名称，单击"下一页"按钮，如图3-47所示。

图 3-47

Step 08 查看导出的信息，单击"完成"按钮，如图3-48所示。

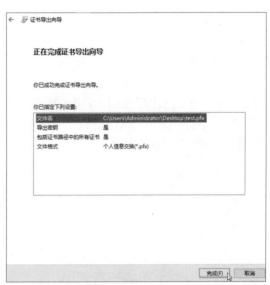

图 3-48

完成后系统会弹出"导出成功"的提示信息。在设置了加密后，文件夹内的文件图标右上角会带有锁标记，如图3-49所示。创建者可以无感地使用该文件夹及内部的文件夹及文件。如果其他用户访问该文件夹时，可以查看文件夹中的文件列表，但执行打开文件、删除文件、复制文件、移动文件的操作时，会弹出文件或文件夹"文件访问被拒绝"的提示，如图3-50所示。

图 3-49

图 3-50

用户可以单击"继续"按钮，并使用管理员密码对文件进行操作，如图3-51所示。

图 3-51

知识拓展

取消加密

如果要取消加密，可以进入文件夹的"高级属性"界面，取消勾选"加密内容以便保护数据"复选框，单击"确定"按钮，如图3-52所示。返回后应用到所有文件。

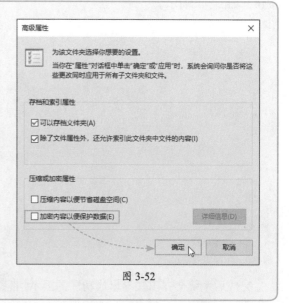

图 3-52

知识延伸：文件夹的压缩与解压

文件的压缩可以减小文件占用磁盘的空间。系统支持NTFS压缩与创建压缩（zipped）文件夹两种不同的压缩方法。

1. NTFS 压缩操作

仅NTFS文件系统支持NTFS压缩操作。

Step 01 进入文件夹的"属性"界面，单击"高级"按钮，如图3-53所示。

Step 02 在"高级属性"界面中勾选"压缩内容以便节省磁盘空间"复选框，单击"确定"按钮，如图3-54所示。

图 3-53

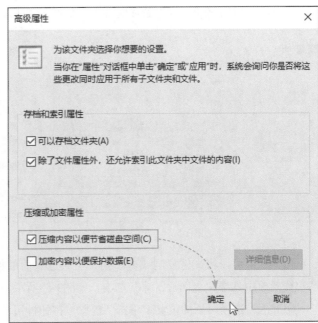

图 3-54

Step 03 返回并确定后，选中"将更改应用于此文件夹、子文件夹和文件"单选按钮，单击"确定"按钮，如图3-55所示。

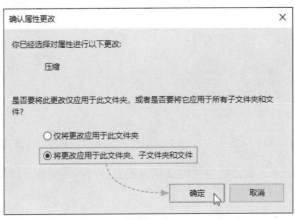

图 3-55

注意事项 系统分区禁用压缩

　　除了对文件夹进行压缩外，还可以对驱动器进行压缩。不过不建议压缩系统所在的驱动器，可能会造成开机无法引导的情况。

2. 创建压缩（zipped）文件夹

　　FAT、FAT32、exFAT、NTFS或ReFS文件系统都可以建立压缩（zipped）文件夹，复制到此文件夹的文件都会被自动压缩。压缩后的文件扩展名为".zip"，可以被主流的压缩解压软件识别及使用。可以在不解压的情况下无感地使用该文件夹，甚至可以直接执行其中的应用程序。

　　Step 01 在桌面或文件夹空白处右击，在"新建"级联菜单中选择"压缩（zipped）文件夹"选项，如图3-56所示。

Step 02 重命名后可以查看该文件夹，如图3-57所示。

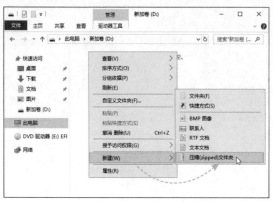

图 3-56

图 3-57

Step 03 可以将文件复制或剪贴到其中，进入后就可以访问。可以在窗口中右击，在弹出的快捷菜单中选择"全部解压缩"选项，如图3-58所示。

Step 04 选择解压的位置，单击"提取"按钮即可解压文件，如图3-59所示。

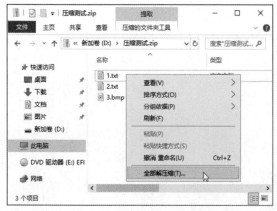

图 3-58

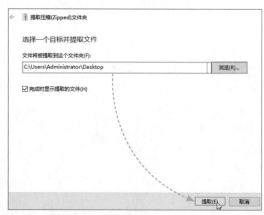

图 3-59

压缩（zipped）文件夹不支持将空文件夹复制进去。内部的文件支持打开、剪切、复制、删除以及查看属性的操作。

第4章
磁盘系统管理

磁盘作为服务器的主要存储设备，存储着操作系统和大量的应用数据。通过专业磁盘管理功能以及各种备份冗余策略，服务器的数据安全性和稳定性不断提高。本章将详细介绍在Windows Server系统中的磁盘管理的相关操作知识。

重点难点

- 磁盘简介
- 基本磁盘管理
- 动态磁盘管理

4.1 磁盘简介

磁盘是计算机主要的存储介质，可以存储大量的二进制数据，并且断电后也能保持数据不丢失。早期计算机使用的磁盘是软磁盘（Floppy Disk，简称软盘），如今常用的磁盘是硬磁盘（Hard Disk，简称硬盘，也叫机械硬盘）。随着科学技术的发展，现在还出现了以用固态电子存储芯片阵列制成的硬盘，叫固态硬盘（Solid State Disk或Solid State Drive，SSD）。下面介绍磁盘的相关知识。

4.1.1 磁盘的分类及原理

磁盘按照存储原理分为机械硬盘和固态硬盘，由于特性的原因，现阶段处于共存的状态。下面介绍这两种主要的存储设备。

1. 机械硬盘

机械硬盘主要由磁盘、磁头、盘片转轴及控制电机、磁头控制器、数据转换器、接口、缓存等几部分组成。磁头可沿盘片的半径方向运动，加上盘片每分钟几千转的高速旋转，磁头就可以在盘片的指定位置进行数据的读写操作。信息通过离磁性表面很近的磁头，由电磁流改变极性的方式被写到磁盘上，信息可以通过相反的方式读取。硬盘作为精密设备，尘埃是其大敌，所以进入硬盘的空气必须过滤。

盘体以坚固耐用的材料为盘基，将磁粉附着在平滑的铝合金或玻璃圆盘基上。这些磁粉被划分成若干同心圆，每个同心圆好像无数的小磁铁，分别代表着0和1。当小磁铁受到来自磁头的磁力影响时，其排列方向会随之改变，这就是磁盘记录数据和读取数据的原理。

机械硬盘常见术语及解释如下。

（1）磁道

硬盘的每个盘面被划分成许多同心圆，这些同心圆的轨迹叫作磁道；磁道从外向内从0开始顺序编号。

（2）扇区

将一个盘面划分为若干内角相同的扇形，这样盘面上的每个磁道就被分为若干段圆弧，每段圆弧叫作一个扇区。每个扇区中的数据作为一个单元同时读出或写入。硬盘的第一个扇区叫作引导扇区。

（3）柱面

所有盘面上的同一磁道构成一个圆柱，称为柱面。数据的读/写按柱面从外向内进行，而不是按盘面进行。定位时，首先确定柱面，再确定盘面，然后确定扇区。之后所有磁头一起定位到指定柱面，再旋转盘面使指定扇区位于磁头之下。写数据时，当前柱面的当前磁道写满后，开始在当前柱面的下一个磁道写入，只有当前柱面全部写满后，才将磁头移动到下一个柱面。在对硬盘分区时，各个分区也是以柱面为单位划分的，即从什么柱面到什么柱面；不存在一个柱面同属于多个分区的情况。

（4）簇

"簇"是DOS操作系统进行分配的最小单位。当创建一个很小的文件时，如1字节，则它在磁盘上并不是只占1字节的空间，而是占一整个簇。DOS根据不同的存储介质（如软盘、硬盘）、不同容量的硬盘，簇的大小也不一样。簇的大小可在磁盘参数块（BPB）中获取。簇的概念仅适用于数据区。

2. 固态硬盘

固态硬盘因其速度快、不怕震动、安静无噪音等，已经有逐渐取代传统机械硬盘的趋势，但由于其存储原理不同，在数据灾难恢复方面不及机械硬盘稳定，所以常用于安装操作系统使用，而重要的数据一般仍存放于机械硬盘中。

固态硬盘主要由主控、缓存、闪存组成，数据通过接口进入主控，经主控中转调配后存储到各闪存颗粒中。闪存的基本存储单元是"浮栅晶体管"。浮栅被二氧化硅包裹，上下绝缘，即使去除电压之后，栅极内的电子也会被捕获，断电时也能保存电子，这就是固态硬盘断电也能存储数据的原理。

浮栅中的电子数量高于中间值，用0表示，如果要写入"1"，要先擦除才能写入，在P级上施加正电压，浮栅中的电子会因为量子隧穿效应，穿过隧穿层被吸出来，现在浮栅中的电子数量低于中间值，用1表示。在控制栅施加正电压，使得来自源极的电子穿过隧穿层并到达浮栅层，每次隧穿所需的电压取决于隧穿层的厚度，现在浮栅中的电子数量高于中间值，用0表示。

3. 服务器硬盘分类

服务器硬盘按照接口可分为以下几种。

（1）SAS

SAS硬盘分为两种协议，即SAS 1.0和SAS 2.0接口，SAS 1.0接口传输带宽为3.0GB/s，转速有7200r/min、10000r/min、15000r/min，目前已被SAS 2.0取代，该盘尺寸有2.5英寸及3.5英寸两种。SAS 2.0接口传输带宽为6.0GB/s，转速有10000r/min、15000r/min，常见容量为73.6GB、146GB、300GB、600GB、900GB。常见转速为15000r/min。

（2）SCSI

SCSI是传统服务器比较老的传输接口，转速为10000r/min、15000r/min。由于受到线缆及其阵列卡和传输协议的限制，该盘片有固定的插法，例如要顺着末端接口开始插第一块硬盘，没有插硬盘的地方要插硬盘终结器等，现已经完全停止发售。该盘只有3.5英寸版，常见转速为10000r/min。

（3）NL SAS

NL SAS盘片专业翻译为"近线SAS"，由于SAS盘价格高昂，容量大小有限，LSI等厂家就采用通过二类最高级别检测的SATA盘片进行改装，采用SAS传输协议，即SATA的盘体SAS的传输协议，形成一种高容量低价格的硬盘。现在单盘最大容量为3TB。尺寸分为2.5英寸及3.5英寸两种。

（4）FDE/SDE

FDE盘体为IBM公司研发的SAS硬件加密硬盘，该盘体性能等同于SAS硬盘，但是由于其本身有硬件加密系统，可以保证涉密单位数据不外泄，该盘主要用于高端2.5英寸存储及2.5英寸硬盘接口的计算机上。SDE盘性能相同，只是厂家不一样。

（5）SSD

SSD盘为固态硬盘，与个人PC不同的是，该盘采用一类固态硬盘检测系统检测出场，并采用SAS 2.0协议进行传输，该盘的性能大约是个人零售SSD硬盘的数倍。服务器业内主要供货的产品均在300GB单盘以下。

（6）FC硬盘

FC硬盘主要用于以光纤为主要传输协议的外部SAN，由于盘体为双通道，又是FC传输，传输带宽为2GB/s、4GB/s、8GB/s三种传输速度。

（7）SATA硬盘

SATA接口的硬盘又叫串口硬盘，是以后PC的主流发展方向，因为其有较强的纠错能力，错误一经发现便能自动纠正，这样就大大地提高了数据传输的安全性。新的SATA使用了差动信号系统，这种系统能有效地将噪声从正常信号中滤除，良好的噪声滤除能力使得SATA硬盘只要使用低电压操作即可，常见转速为7200r/min。

知识拓展

热插拔与易插拔

根据硬盘托架分类分为热插拔及易插拔两种。热插拔硬盘通常用于SAS接口硬盘，由于RAID的冗余性，在运行时单独拔出一块坏的硬盘进行更换，不影响整个系统运行的稳定性。但整个功能必须得到阵列卡及硬盘背板的支持，这类托架通常有外部扳手。易插拔硬盘通常是普通盘体硬盘，不能支持在磁盘阵列系统工作时的热插拔，通常这类硬盘托架为蓝色。

4.1.2　磁盘分区表

在启动计算机时，计算机完成自检后会读取硬盘的初始化信息，在硬盘开头的引导扇区中会存放启动所需文件以及硬盘所有分区的信息，叫作硬盘分区表。通过该信息，计算机会了解硬盘的分区状态，并找到系统所在分区，从而加载系统初始化程序，启动计算机。发展至今，硬盘分区表已从MBR分区表发展为GPT分区表。

1. MBR 分区表

MBR（Master Boot Record，主引导记录）属于传统型的分区表，位于硬盘的0柱面、0磁头、1扇区（共512B），包含引导程序和分区表（共64B）。记录了硬盘的每个分区的信息，包括起始位置、结束位置。每个分区信息为16B，由于分区表总大小为64B，所以每块硬盘最多可以划分4个主分区，只有主分区可以引导新系统。

为了划分更多分区，可以将其中一个主分区变为扩展分区，然后在扩展分区中再划分逻辑分区，但是扩展分区和逻辑分区都不能启动系统，仅能存储数据使用。

受制于MBR分区表的大小，该分区表最多支持4个主分区或3个主分区加1个扩展分区，而且最大只支持2TB的硬盘，所以传统的BIOS启动+MBR分区表正在被逐步淘汰。

2. GPT 分区表

GPT分区表也叫GUID分区表（GUID Partition Table，全局唯一标识分区表），它是可扩展固件接口（EFI）标准（Intel公司用于替代个人计算机的BIOS）的一部分，被用于替代BIOS系统中的以32位存储逻辑块地址和大小信息的主引导记录（MBR）分区表。和MBR分区表相比，GPT分区表支持18EB的硬盘，可以划分为128个主分区，而且对分区表有备份，以防止被病毒破坏，主分区表和备份分区表的头分别位于硬盘的第二个扇区（LBA 1）以及硬盘的最后一个扇区。备份分区表头中的信息是关于备份分区表的。加上UEFI+GTP的驱动模式，GPT分区表已经成为了主流，逐渐替代了MBR分区表。

4.1.3 基本磁盘与动态磁盘

Windows操作系统将磁盘分为基本磁盘和动态磁盘两种。

1. 基本磁盘

基本磁盘是最常用于Windows的存储类型。是指包含分区（如主分区和逻辑驱动器）的磁盘，这些磁盘通常使用文件系统格式化，以成为文件存储的卷。基本磁盘提供一个简单的存储解决方案，可适应不断变化的存储要求方案的有用数组。基本磁盘还支持聚集磁盘、IEEE 1394磁盘，以及通用串行总线（USB）可移动驱动器。为了向后兼容，基本磁盘通常使用相同的主启动记录（MBR）分区样式作为DOS操作系统以及所有版本的Windows操作系统使用的磁盘。

通过将现有主分区和逻辑驱动器扩展到相同磁盘上的相邻的未分配的连续空间，用户可以为现有主分区和逻辑驱动器添加更多空间。若要扩展基本卷，必须使用NTFS文件系统对其进行格式化。用户可以在包含逻辑驱动器的扩展分区中的连续可用空间内扩展该逻辑驱动器。如果将逻辑驱动器扩展到扩展分区中提供的可用空间之外，那么只要扩展分区后面是连续的未分配空间，扩展分区就会扩大以包含逻辑驱动器。以下操作只能在基本磁盘上执行。

- 创建和删除主分区和扩展分区。
- 在扩展分区中创建和删除逻辑驱动器。
- 格式化分区并将其标记为活动分区。

2. 动态磁盘

动态磁盘提供基本磁盘的功能，例如能够创建跨多个磁盘的卷（跨区卷和带区化卷），以及创建容错卷（镜像卷和RAID-5卷）的功能。与基本磁盘一样，动态磁盘可以在支持这两个磁盘的系统上使用MBR或GPT分区样式。动态磁盘上的所有卷都称为动态卷。动态磁盘为卷管理提供更大的灵活性，因为其使用数据库来跟踪有关磁盘上的动态卷和计算机上的其他动态磁盘的信息。计算机中的每个动态磁盘存储动态磁盘数据库的副本，例如，损坏的动态磁盘数据库可以使用另一个动态磁盘上的数据库修复。数据库的位置由磁盘的分区样式决定。在MBR分区上，数据库包含在磁盘的最后1MB中。在GPT分区上，数据库包含在1MB的保留（隐藏）分区中。

动态磁盘是一种单独的卷管理形式，允许卷在一个或多个物理磁盘上具有非连续盘区。动态磁盘和卷依赖于逻辑磁盘管理器（LDM）和虚拟磁盘服务（VDS）及其关联功能。这些功能使用户能够执行任务，例如将基本磁盘转换为动态磁盘，以及创建容错卷。为了鼓励使用动态磁盘，已从基本磁盘中删除多分区卷支持。只能在动态磁盘上执行以下操作。

- 创建和删除简单卷、跨区卷、带区卷、镜像卷和RAID-5卷。
- 扩展简单卷或跨区卷。
- 从镜像卷中删除镜像，或将镜像卷分解为两个卷。
- 修复镜像卷或 RAID-5卷。
- 重新激活缺失或脱机磁盘。

4.1.4 动态磁盘与卷

动态磁盘不再使用分区的概念，而是使用卷来描述动态磁盘上的每一个空间划分。分区是在基本磁盘中划分出的独立单元，用于存储文件和数据，各分区在逻辑上相对独立。在动态磁盘中划分出的独立单元称为"卷"。虽然"分区"和"卷"分别用于基本磁盘和动态磁盘，但是它们通常可以互换使用。如果都使用"卷"来统一进行描述，那么可以将基本磁盘中格式化后的分区称为"基本卷"，而将动态磁盘中格式化后的卷称为"动态卷"。

动态磁盘有5种主要的卷，包括两类，一类是非磁盘阵列卷，包括简单卷和跨区卷；一类是磁盘阵列卷，包括带区卷、镜像卷以及带奇偶校验的带区卷。

1. 简单卷

简单卷必须要建立在同一磁盘的连续空间中，但在建立后可以扩展到同一磁盘的其他非连续空间中。在基本磁盘和动态磁盘中都可以创建简单卷，但基本磁盘只能创建简单卷。

2. 跨区卷

跨区卷可以将来自多块物理磁盘（最少2块，最多32块）中的空间置于一个跨区卷中，用户在使用时感觉不到是在使用多块磁盘。向跨区卷中写入数据时必须先将同一跨区卷中的第一个磁盘中的空间写满，才能向同一个跨区卷中的下一个磁盘空间写入数据，每块磁盘组成跨区卷的空间不必相同。

3. 带区卷

带区卷（RAID-0卷）采用独立磁盘冗余阵列（Redundant Array of Independent Disks，RAID）技术，RAID保护数据的主要方法是数据冗余存储，将数据同时保存到多块磁盘，提高数据的可用性。带区卷可以将来自多块磁盘（最少2块，最多32块）中的相同空间组合成一个卷。向带区卷中写入数据时，数据按照64KB被分成若干块，这些大小为64KB的数据块被交替存放于组成带区卷的各磁盘空间中。该卷具有很高的文件读/写效率，但不支持容错功能。如果带区卷中的某个磁盘发生故障，则整个卷中的数据都会丢失。带区卷中的成员要求其容量必须相同，并且来自不同的物理磁盘。

4. 镜像卷

镜像卷（RAID-1卷）是将一份数据复制两份相同的副本，并且每一份副本存放在不同的磁盘中。当其中一个卷进行修改（写入或删除）时，另一个卷也完成相同的操作。当一个磁盘出现故障时，仍可从另一个磁盘中读取数据，因而有很好的容错能力。镜像卷的可读性能好，但是磁盘利用率很低（50%）。

5. 带奇偶校验的带区卷

带奇偶校验的带区卷（RAID-5卷）具有容错能力，在向RAID-5卷中写入数据时，系统会通过特殊算法计算每一个带区校验块的存放位置。这样可以确保对校验块进行的读/写操作都会在所有的RAID磁盘中均衡，从而消除产生瓶颈的可能。当一块磁盘出现故障时，可以利用其他磁盘中的数据和校验信息恢复丢失的数据。RAID-5卷的读出效率很高，写入效率一般。RAID-5卷不对存储的数据进行备份，而是把数据和相对应的奇偶校验信息存储到组成RAID-5卷的磁盘上。RAID-5卷需要最少3块，最多32块磁盘。

知识拓展

磁盘与系统

只有基本磁盘支持操作系统的安装，安装完毕后可以转换为动态磁盘。但如果要重新安装系统，必须要将动态磁盘转换为基本磁盘。因为Windows的磁盘管理器不能将有分区的动态磁盘改为基本磁盘，只能将空的动态磁盘转换为基本磁盘，此时会删除所有分区，丢失所有数据，所以在转换前需要备份卷中的内容。由于动态磁盘的特点，可以将动态磁盘只作为文件存储使用，而系统分区所在的磁盘，建议保持默认的基本磁盘。

4.1.5 UEFI模式的磁盘分区

UEFI启动模式是现在主流的系统引导方式，是BIOS的继任者。主要优势有图形界面、比传统引导更快、功能更强大、可扩展性更强。在使用原版镜像安装操作系统时，会自动使用UEFI启动模式，并为系统创建必要的额外分区，如图4-1所示。

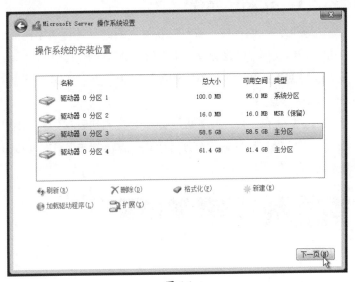

图 4-1

1. 启动分区

100MB的"系统分区"也叫EFI分区或ESP分区，是FAT32文件系统，用来存储系统引导管理程序、驱动程序、系统维护工具等，是UEFI启动模式所必需的。在计算机中是隐藏状态，只能在磁盘管理中看到。

在以前的BIOS+MBR的启动模式中，启动分区和系统分区是在一个分区中，而且该分区必须设置为"活动"状态才可以引导。现在已经将启动分区和系统分区分离开了。

2. MSR 分区

16MB的MSR分区属于保留分区，用于备用，如转换动态磁盘时，需要保证系统中有部分未使用的空间，这就是该分区的作用。如果不转换，也可以删除该分区，对于操作系统来说，不是必要的分区。

3. 系统分区

安装操作系统所选择的分区或安装了操作系统的分区，是操作系统文件存储所在的分区。可以有多个系统分区，分别安装不同的操作系统。

4. 恢复分区

有些操作系统还会创建恢复分区，一般为100MB～500MB，存储恢复环境包括还原点还原、启动修复、系统镜像恢复等，也不是必需的。

4.2 基本磁盘的管理

无论是使用基本磁盘还是动态磁盘，在数据存储前，都需要先在磁盘中创建分区或者卷，然后使用一种文件系统对其进行格式化并分配驱动器号。下面介绍基本磁盘的常见操作。

4.2.1 初始化磁盘

服务器添加磁盘后，需要对新加入的磁盘进行初始化操作，系统才能正常识别和管理。下面介绍如何使用"磁盘管理"工具管理新加入的磁盘。

Step 01 打开"服务器管理器"面板，在"工具"下拉列表中选择"计算机管理"选项，如图4-2所示。

Step 02 在"计算机管理"界面的左侧列表找到并选择"磁盘管理"选项，弹出"初始化磁盘"对话框，选择磁盘及分区形式，这里选中"GPT（GUID分区表）"单选按钮，单击"确定"按钮，如图4-3所示。

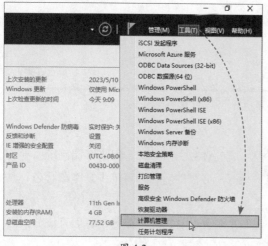

图 4-2

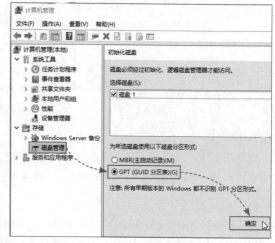

图 4-3

此时，磁盘变为"未分配"状态，在左侧标签中会显示"基本"字样，代表当前是基本卷，如图4-4所示。

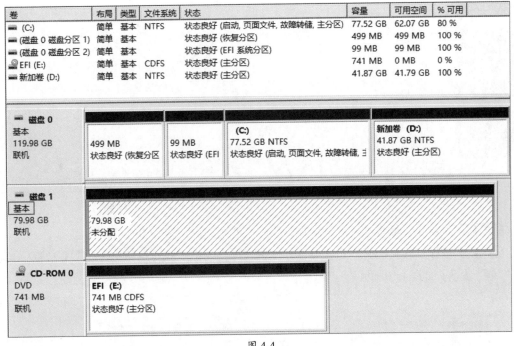

图 4-4

4.2.2 创建基本卷

基本磁盘只能创建简单卷，基本磁盘的简单卷也叫基本卷，创建基本卷就相当于为该磁盘进行分区。下面介绍创建的步骤。

Step 01 使用Win+R组合键打开"运行"对话框，输入diskmgmt.msc命令，单击"确定"按钮，如图4-5所示，打开"磁盘管理"对话框。

Step 02 在"磁盘1"的"未分配"空间上右击，在弹出的快捷菜单中选择"新建简单卷"选项，如图4-6所示。

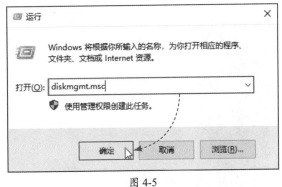

图 4-5   图 4-6

Step 03 系统启动"新建简单卷向导"对话框，单击"下一页"按钮，如图4-7所示。

Step 04 设置卷的大小，单位为MB，设置完成后单击"下一页"按钮，如图4-8所示。

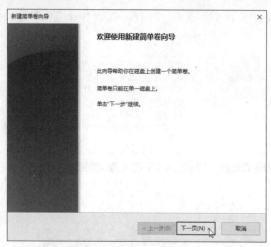

图 4-7

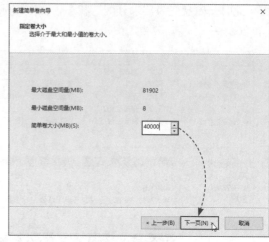

图 4-8

Step 05 为卷分配驱动器，完成后单击"下一页"按钮，如图4-9所示。

Step 06 选择格式化的文件系统类型并设置卷标，勾选"执行快速格式化"复选框，单击"下一页"按钮，如图4-10所示。

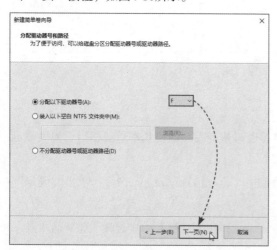

图 4-9

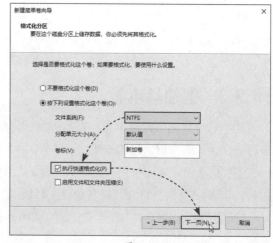

图 4-10

Step 07 查看所有参数设置，单击"完成"按钮，如图4-11所示。

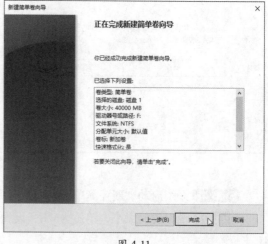

图 4-11

完成向导配置后，系统会自动格式化，基本卷就创建完毕了，接下来就可以存储文件，如图4-12所示。

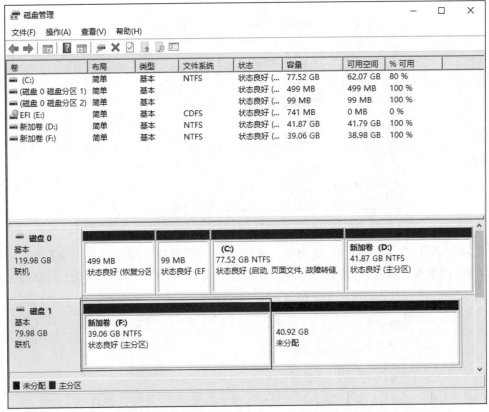

图 4-12

知识拓展

卷标和驱动器号

卷标是硬盘分区后为了区别每个盘所指定的一个名字，名称不需要唯一，类似于说明，也可以使用系统默认卷标，如本例中就是"新加卷"。驱动器号也称为盘符，就是分区的代码，也就是通常说的C盘、D盘，驱动器号必须唯一。

4.2.3 基本卷高级操作

创建了基本卷后，可以根据实际需求，对基本卷执行扩展、压缩、删除等高级操作。下面介绍一些常见的操作步骤。

1. 扩展基本卷

基本卷的容量如果在创建后不足，若有未分配空间，可以将空间加入基本卷中。但基本卷的扩展条件比较苛刻，未分配空间必须在基本卷的尾部，否则需要转换成动态磁盘，使用动态卷进行扩展。

Step 01 在创建好的基本卷上右击，在弹出的快捷菜单中选择"扩展卷"选项，如图4-13所示。

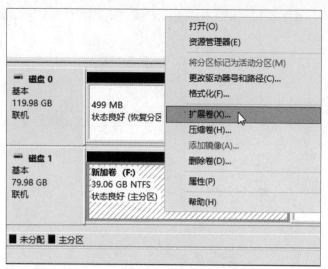

图 4-13

Step 02 弹出"扩展卷向导"对话框,单击"下一页"按钮,在"选择磁盘"界面选择空闲空间所在的磁盘,输入需要扩展的空间大小,如本例从"未分配"空间提取20GB加入F盘,所以输入"20000",单击"下一页"按钮,如图4-14所示。

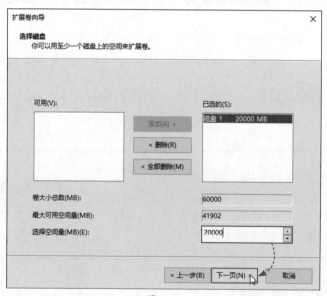

图 4-14

完成后,40GB的F盘拓展为60GB,未分配空间变为20GB,如图4-15所示。

图 4-15

2. 压缩基本卷

压缩基本卷后,可以腾出空闲空间来创建新的基本卷、为其他基本卷扩容,或者安装其他软件，如Linux操作系统。下面介绍压缩基本卷的操作步骤。

Step 01 进入"磁盘管理"界面，在需要压缩的基本卷上右击，在弹出的快捷菜单中选择"压缩卷"选项，如图4-16所示。

Step 02 输入压缩的空间量，也就是剔除的空间大小，这里设置为20GB，设置完毕后单击"压缩"按钮，如图4-17所示。

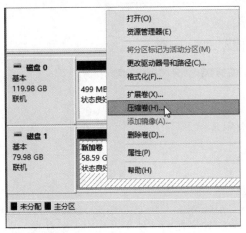

图 4-16

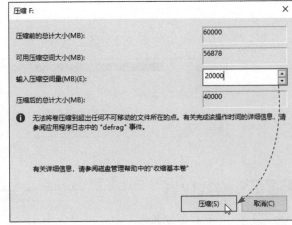

图 4-17

压缩结束后，会从该基本卷尾部划出对应的未分配空间，可以看到F盘变回40GB，而未分配空间变成了40GB，如图4-18所示。

图 4-18

3. 删除基本卷

可以通过删除卷功能将不使用的卷变成"未分配"空间，用来分配给其他卷用来扩容或者安装操作系统。可以在卷上右击，在弹出的快捷菜单中选择"删除卷"选项，如图4-19所示，单击"是"按钮，如图4-20所示。

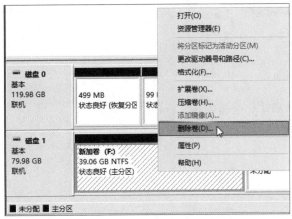

图 4-19

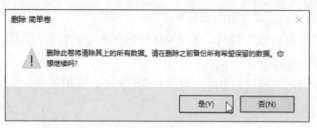

图 4-20

删除完毕后可以看到卷已经变成了"未分配"空间，如图4-21所示。

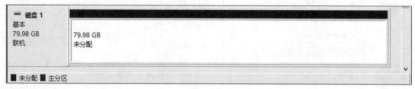

图 4-21

 ## 动手练 格式化卷

在创建基本卷时，系统自动进行格式化，如果在系统使用过程中，磁盘发生病毒感染、磁盘逻辑错误等情况，可以手动执行格式化命令来初始化磁盘，删除病毒文件或修复逻辑错误。下面介绍手动格式化的操作步骤。

Step 01 进入"磁盘管理"界面，在分区上右击，在弹出的快捷菜单中选择"格式化"选项，如图4-22所示。

Step 02 在弹出的"格式化"对话框中设置"卷标"及"文件系统"，勾选"执行快速格式化"复选框，单击"确定"按钮，如图4-23所示。

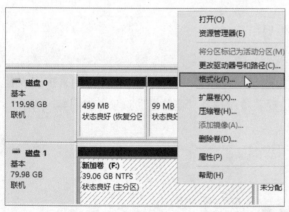

图 4-22

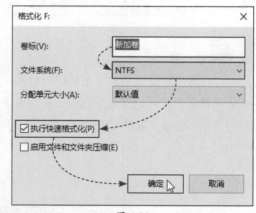

图 4-23

Step 03 系统提示格式化会清除全部数据，如果备份完毕，单击"确定"按钮，如图4-24所示。

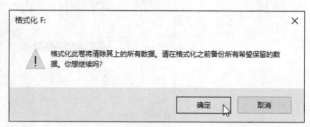

图 4-24

Windows Server服务器配置与管理标准教程（实战微课版）

稍等一会，硬盘格式化完成。

知识拓展

其他格式化方法

除了在"磁盘管理"中格式化以外，还可以在命令提示符界面中使用命令"format 盘符 /Q"执行快速格式化。另外在"此电脑"中，在分区上右击，在弹出的快捷菜单中选择"格式化"选项，如图4-25所示，在弹出的对话框中设置文件格式及卷标后执行格式化，如图4-26所示。

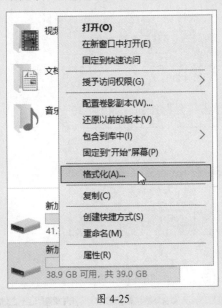

图 4-25

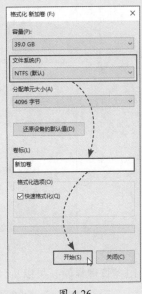

图 4-26

4. 修改盘符及卷标

盘符可以在创建基本卷时设置，也可以随时更改，需要注意，此时该卷不能在使用状态。卷标可以在格式化时设置，也可以随时调整。下面介绍盘符及卷标的修改。

Step 01 进入"磁盘管理"界面，在卷上右击，在弹出的快捷菜单中选择"更改驱动器号和路径"选项，如图4-27所示。

Step 02 当前盘符为"F:"，单击"更改"按钮，如图4-28所示。

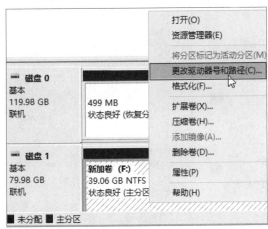

图 4-27

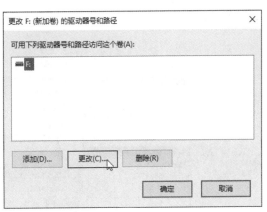

图 4-28

Step 03 单击盘符下拉按钮，在下拉列表中选择其他的盘符，完成后单击"确定"按钮，如图4-29所示。

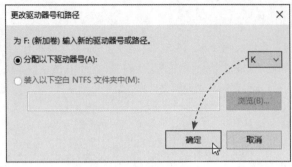

图 4-29

Step 04 系统弹出提示信息对话框，单击"是"按钮，如图4-30所示。

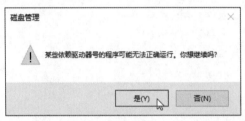

图 4-30

确定并返回磁盘管理界面，可以看到更改完成，如图4-31所示。

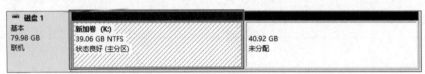

图 4-31

Step 05 在卷上右击，在弹出的快捷菜单中选择"属性"选项，如图4-32所示。

Step 06 在弹出的"属性"界面填写新的卷标，单击"确定"按钮，如图4-33所示。

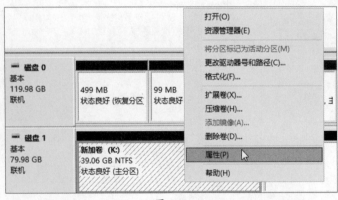

图 4-32

图 4-33

在"此电脑"中查看更改的效果，如图4-34所示。

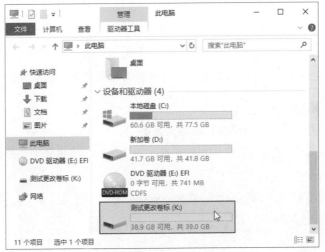

图 4-34

直接修改

用户也可以在"此电脑"中选中
需要修改卷标的分区，按F2键，卷
标变为可编辑状态后输入新卷标，如
图4-35所示。完成后单击任意位置，
完成修改。

图 4-35

4.3 动态磁盘的管理

动态磁盘使用的是动态卷，前面介绍了动态卷的5种类型，都是比较常见的。不同的类型有
不同的特点，有些提高硬盘的读取效率，有些增强数据安全性，有些两者兼顾。下面介绍动态
卷的一些常见操作。

4.3.1 动态磁盘的转换

将静态磁盘转换为动态磁盘的方法有很多，而且可以做到无损调整，对于数据的使用方面没
有影响。

1.转换所需条件

在3种条件下可以进行转换。

- 在磁盘初始化结束后，可以将其转换为动态磁盘。
- 在基本卷扩容时，如果选择了非连续的"未分配"空间，会自动转换为动态磁盘。
- 在基本卷创建完毕后，也可以将静态磁盘转换为动态磁盘，且数据都会保留。

2.手动转换为动态磁盘

最常见的是在创建动态卷之前将其转换为动态磁盘。

Step 01 在"磁盘1"上右击，在弹出的快捷菜单中选择"转换到动态磁盘"选项，如图4-36所示。

Step 02 勾选需要转换为动态磁盘的磁盘复选框，单击"确定"按钮，如图4-37所示。

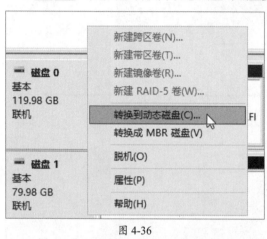

图 4-36

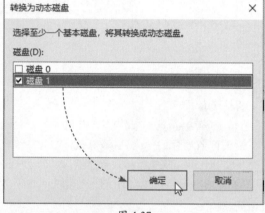

图 4-37

稍等片刻即可完成转换，可以看到"磁盘1"下方的"基本"已经变为了"动态"，如图4-38所示。

图 4-38

知识拓展

动态磁盘转换为基本磁盘

如果新建了动态卷，动态磁盘是无法直接转换为基本磁盘的，"转换成基本磁盘"选项是灰色的，不可以使用。只有备份好所有数据，并删除所有的动态卷后，才能转换为基本磁盘。转换方法是在"磁盘1"上右击，在弹出的快捷菜单中选择"转换成基本磁盘"选项，如图4-39所示。在动态卷中执行了"删除卷"操作，且没有其他卷的情况下，也会自动变为基本磁盘。

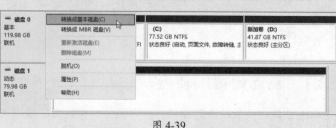

图 4-39

▌4.3.2　创建简单卷

　　动态磁盘的简单卷创建方法和基本磁盘的简单卷创建方法相同。删除、压缩等管理方法也相同，不过在扩展卷时，无论是否是连续空间，都可以进行扩展。完成扩展后会显示两个相同的卷名和盘符，如图4-40所示。删除扩展卷中的任意一个卷时，同名的其他卷也会变为"未分配"状态。

图 4-40

▌4.3.3　跨区卷的使用

　　动态磁盘的卷的范围不局限于同一块磁盘，也可以拓展到其他磁盘上。为突出跨区卷的特点，在创建跨区卷前，需要再添加一块磁盘，并转换为动态磁盘，效果如图4-41所示。

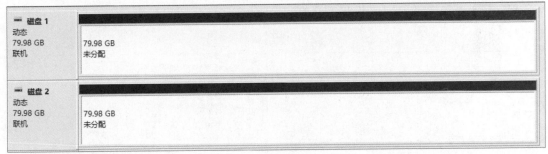

图 4-41

1. 跨区卷的特点

　　跨区卷的主要特点如下。

- 可以选择2～32号磁盘内的未分配空间来组成跨区卷。
- 组成跨区卷的每一个成员其容量大小可以不同。组成跨区卷的成员中不能包含系统分区与启动分区。
- 系统将数据存储到跨区卷时，首先存储到其成员中的第1块磁盘内，待其空间用完才会将数据存储到第2块磁盘，以此类推。
- 跨区卷不具备提高磁盘访问效率的能力。
- 跨区卷不具备容错功能，成员中任何一个磁盘发生故障时，整个跨区卷内的数据都将丢失。
- 跨区卷无法成为镜像卷、带区卷或RAID-5卷的成员。
- 跨区卷可以被格式化成NTFS或ReFS格式。
- 可以将其他未分配空间加入现有的跨区卷内，以便扩展其容量。
- 整个跨区卷被视为一体，无法将其中任何一个成员独立出来使用，除非先将整个跨区卷删除。

2. 创建跨区卷

直接新建跨区卷，可以从磁盘中各选出一部分空间进行组合。

Step 01 在"磁盘1"上右击，在弹出的快捷菜单中选择"新建跨区卷"选项，如图4-42所示。

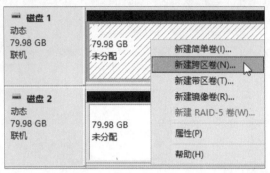

图 4-42

Step 02 在向导界面单击"下一步"按钮，在"磁盘1"中设置新建的跨区卷大小，此步骤相当于创建简单卷。选择"磁盘2"，单击"添加"按钮，如图4-43所示。

Step 03 选择"磁盘2"，设置磁盘2要划出的空间，完成后单击"下一页"按钮，如图4-44所示。

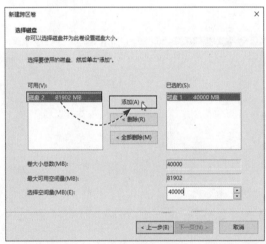

图 4-43

图 4-44

Step 04 设置驱动器号和路径，格式化后就完成了跨区卷的创建。创建后的跨区卷F盘如图4-45所示。

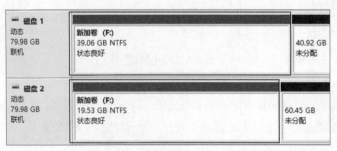

图 4-45

动手练 通过扩展创建跨区卷

除了直接创建跨区卷，如果创建的简单卷不够使用了，也可以通过"扩展卷"功能，将本磁盘不连续的空间或其他磁盘的空间添加进来，组成跨区卷。这种方法也是最常见的创建跨区卷的方法。

Step 01 在需要扩展的简单卷上右击，在弹出的快捷菜单中选择"扩展卷"选项，如图4-46所示。

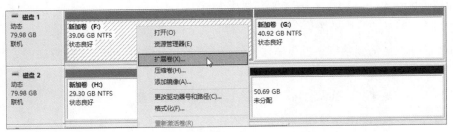

图 4-46

Step 02 在"扩展卷向导"界面中选择"磁盘2"，单击"添加"按钮，并根据磁盘2的"未分配"空间，设置向磁盘1划拨的磁盘空间大小，完成后单击"下一页"按钮，如图4-47所示。

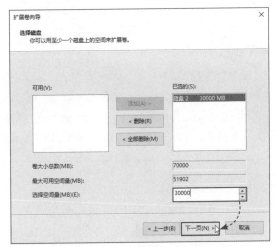

图 4-47

Step 03 完成后返回主界面，查看跨区卷的创建情况，如图4-48所示。

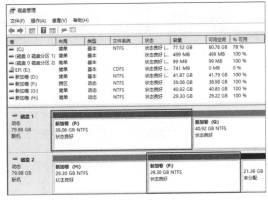

图 4-48

4.3.4　带区卷的使用

带区卷是一种以带区形式在两个或多个物理磁盘上存储数据的动态卷。下面介绍带区卷的特点和创建方法。

1. 带区卷的特点

与跨区卷不同，带区卷的成员需要容量大小相同，数据均匀分布，在读写时由于多块硬盘同时读写，从原理上来说，硬盘越多，速度越快。带区卷的其他特点如下。

- 可以从2～32号磁盘内分别选用未分配空间组成带区卷，这些磁盘最好是相同的制造商、相同的型号，以免不兼容的情况发生。
- 带区卷使用RAID-0技术。
- 组成带区卷的每一个成员，其容量大小是相同的。
- 组成带区卷的成员中不能包含系统分区与驱动分区。
- 带区卷不具备容错功能，成员中任何一个磁盘发生故障时，整个带区卷内的数据将全部丢失。
- 带区卷一旦被建立，就无法再扩展，除非将其删除后重建。
- 带区卷可以被格式化成NTFS或ReFS格式。
- 整个带区卷是被视为一体的，无法将其中任何一个成员独立出来使用，除非先将整个带区卷删除。

知识拓展

带区卷的工作原理

系统在将数据存储到带区卷时，会将数据拆成等量的64KB，例如由4个磁盘组成的带区卷，系统会将数据拆成每4个64KB为一组，每一次将一组4个64KB的数据分别写入4个磁盘内，直到所有数据都写入磁盘为止。这种方式是所有磁盘同时在工作，因此可以提高磁盘的访问效率。

2. 创建带区卷

带区卷在每块磁盘上的空间大小是固定的，但每块磁盘的大小可以不同，只要满足最小容量的磁盘空间划分标准即可。下面介绍带区卷的创建方法。

Step 01 在"磁盘1"上右击，在弹出的快捷菜单中选择"新建带区卷"选项，如图4-49所示。

Step 02 将"磁盘2"也加入选择，再设置带区卷的大小，此时两块磁盘划出的空间是完全相同的，完成后单击"下一页"按钮，如图4-50所示。

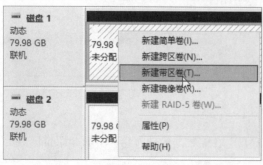

图 4-49

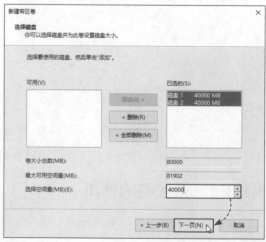

图 4-50

初始化后，带区卷效果如图4-51所示，实际容量大小等于所划分的空间之和，如图4-52所示。

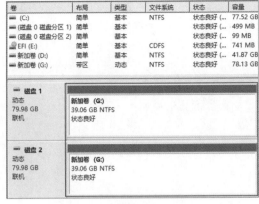

图 4-51

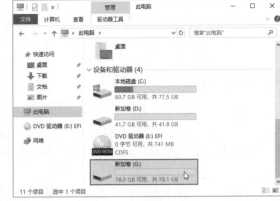

图 4-52

4.3.5　镜像卷的使用

镜像卷并不像带区卷可以提高文件的读写效率，但镜像卷可以对其中的数据进行同步备份，可以极大地提高数据的安全性。下面介绍镜像卷的知识。

1. 镜像卷的特点

镜像卷具有容错功能，在创建和使用时有如下特点。

- 镜像卷的成员只有两个，且需要分别位于不同的动态磁盘内。可选择一个简单卷与一个未分配的空间，或两个未分配的空间组成镜像卷。
- 如果是选择将一个简单卷与一个未分配空间组成镜像卷，则系统在建立镜像卷的过程中，会将简单卷内的现有数据复制到另一个成员中。
- 镜像卷使用RAID-1技术。
- 组成镜像卷的两个卷的容量大小是相同的。
- 组成镜像卷的成员中可以包含系统分区与启动分区。
- 系统将数据存储到镜像卷时，会将一份相同的数据同时存储到两个成员中。当有一个磁盘发生故障时，系统仍然可以读取另一个磁盘内的数据。
- 在读取镜像卷的数据时，系统可以同时从两块磁盘来读取不同部分的数据，因此可减少读取的时间，提高读取的效率。如果其中一个成员发生故障，镜像卷的效率将恢复为只有一个磁盘时的状态。
- 由于镜像卷的磁盘空间的有效使用率只有50%（因为两个磁盘内存储重复的数据），因此单位存储成本较高。
- 镜像卷一旦被建立，就无法再被扩展。
- 镜像卷可被格式化成NTFS或ReFS格式。不过也可选择将一个现有的FAT32简单卷与一个未分配空间来组成镜像卷。
- 整个镜像卷是被视为一体的，如果想将其中任何一个成员独立出来使用，需要先中断镜像关系、删除镜像或删除此镜像卷。

注意事项 组建镜像卷注意事项

系统在将数据写入镜像卷时，会稍微多花费一点时间将一份数据同时写到两个磁盘内，故镜像卷的写入效率稍微差一点，因此为了提高镜像卷的写入效率，建议将两个磁盘分别连接到不同的磁盘控制器，也就是采用Disk Duplexing架构，该架构也可增加容错功能，即使一个控制器故障，系统仍然可利用另外一个控制器来读取另外一块磁盘内的数据。

2. 创建镜像卷

和跨区卷类似，镜像卷可以直接创建，也可以从简单卷创建镜像卷。首先介绍从未分配空间直接创建镜像卷。

Step 01 在"磁盘1"未分配空间上右击，在弹出的快捷菜单中选择"新建镜像卷"选项，如图4-53所示。

Step 02 在创建向导中，和带区卷类似，将"磁盘2"也加入"已选的"列表中，并设置镜像卷的大小，完成后单击"下一页"按钮，如图4-54所示。

图 4-53

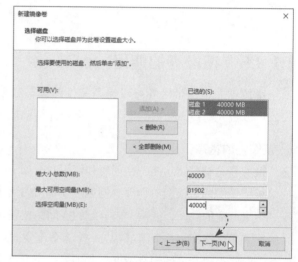

图 4-54

初始化后，可以查看镜像卷的创建结果，如图4-55所示。

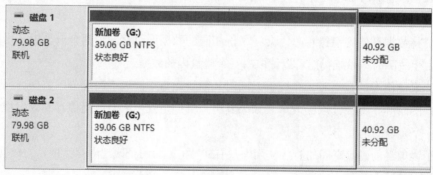

图 4-55

动手练 通过简单卷创建镜像卷

除了直接创建镜像卷外，还可以通过简单卷创建。下面介绍具体的操作步骤。

Step 01 在简单卷上右击，在弹出的快捷菜单中选择"添加镜像"选项，如图4-56所示。

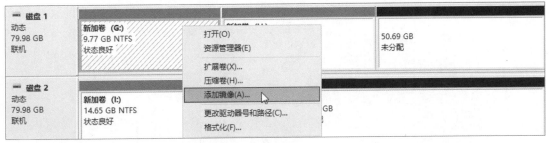

图 4-56

Step 02 选择添加镜像的另一块磁盘，单击"添加镜像"按钮，如图4-57所示。

系统会在磁盘2中按照磁盘1需创建镜像卷的分区的大小，从"未分配"空间中划分出同样的空间大小以组建镜像卷，完成后会自动进行数据同步，如图4-58所示。

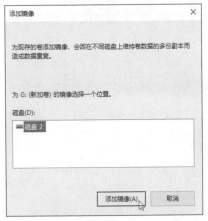

图 4-57

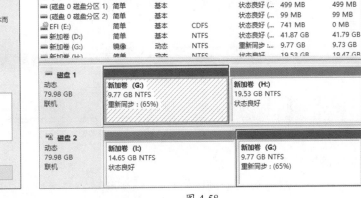

图 4-58

3. 中断镜像卷

与前面几个动态卷的操作不同，镜像卷由于只是备份，所以在中断备份功能后，会恢复成两个简单卷，文件是相同的，各简单卷还都可以使用。

Step 01 需要中断镜像卷时，可以在镜像卷上右击，在弹出的快捷菜单中选择"中断镜像卷"选项，如图4-59所示。

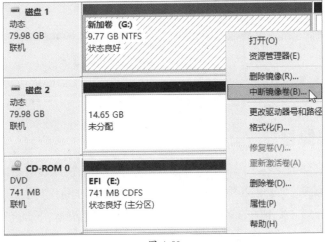

图 4-59

Step 02 系统弹出提示，如果中断，数据将不再具有容错性，单击"是"按钮，如图4-60所示。

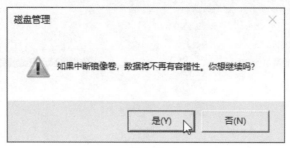

图 4-60

完成后会变成两个简单卷，各自拥有独立的盘符，如图4-61所示。可以通过资源管理器访问，且内部的文件是相同的。

图 4-61

4. 删除镜像卷

删除镜像卷会将所有的镜像卷内容全部删除，空间变为"未分配"。用户可以在镜像卷上右击，在弹出的快捷菜单中选择"删除卷"选项，如图4-62所示。确认删除后，会变成"未分配"空间，如果没有卷，磁盘也会变成基本磁盘，效果如图4-63所示。

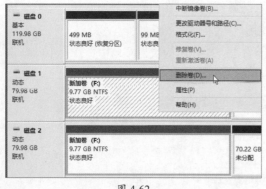

图 4-62

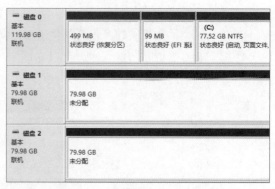

图 4-63

动手练 中断镜像卷

与删除镜像卷不同，中断镜像卷后，不会删除镜像卷中的文件，也不会将镜像卷本身删除，而是中断镜像卷的工作状态，中断同步备份功能，两个卷都会恢复成简单卷，分别分配不同的驱动器号，并可以分别进行访问。下面介绍终端的操作步骤。

可以在镜像卷上右击，在弹出的快捷菜单中选择"中断镜像卷"选项，如图4-64所示，完成后镜像卷会恢复成两个相同的简单卷，如图4-65所示。

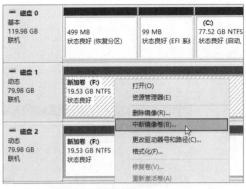

图 4-64

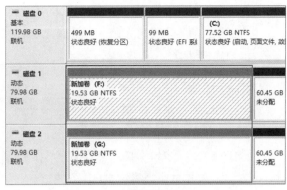

图 4-65

4.3.6 RAID-5卷的创建

RAID-5卷兼具带区卷的高效，以及镜像卷的冗余功能。RAID-5不是完全的数据备份，而是依靠奇偶校验信息计算。当某个硬盘出现故障，可以通过校验信息反计算进行数据恢复。

1. RAID-5 卷的特点

RAID-5卷具有以下特点。

- 可以从3～32号磁盘内分别选用"未分配"空间来组成RAID-5卷，这些磁盘最好是相同的制造商、相同的型号。
- 组成RAID-5卷的每一个成员的容量大小是相同的。
- 组成RAID-5卷的成员中不可以包含系统分区与启动分区。
- 系统在将数据存储到RAID-5卷时，会将数据拆成等量的64KB，例如由5个磁盘组成的RAID-5卷，系统会将数据拆成每4个64KB为一组，每一次将一组4个64KB的数据与其同位数据分别写入5个磁盘内，一直到所有的数据都写入磁盘为止。
- 奇偶校验信息并不是存储在固定磁盘内的，而是依序分布在每块磁盘内，例如第一次写入时是存储在磁盘0、第二次是存储在磁盘1……，以此类推，存储到最后一个磁盘后，再从磁盘0开始存储。
- 当某个磁盘发生故障时，系统可以利用同位数据推算出故障磁盘内的数据，让系统能够继续读取RAID-5卷内的数据，不过仅限一个磁盘故障的情况，如果同时有多个磁盘出现故障，系统将无法读取RAID-5卷内的数据。
- 在写入数据时必须花费时间计算奇偶校验信息，因此其写入效率一般会比镜像卷差（视RAID-5磁盘成员的数量多少而异）。不过读取效率比镜像卷好，因为它会同时从多个磁盘读取数据（读取时不需要计算奇偶校验信息）。如果其中一个磁盘故障，此时虽然系统仍然可以继续读取RAID-5卷内的数据，不过因为必须耗用系统资源（CPU时间与内存）来算出故障磁盘的内容，因此效率会降低。
- RAID-5卷的磁盘空间有效使用率为（$n-1$）/n，n为磁盘的数目。例如，利用5个磁盘建立RAID-5卷，因为必须利用1/5的磁盘空间存储奇偶校验信息，故磁盘空间有效使用率为4/5，因此单位存储成本比镜像卷要低（其磁盘空间有效使用率为1/2）。

- RAID-5卷一旦被建立，就无法再被扩展。
- RAID-5卷可被格式化成NTFS或ReFS格式。
- 整个RAID-5卷被视为是一体的，无法将其中任何一个成员独立出来使用，除非将整个RAID-5卷删除。

2. RAID-5 卷的创建

下面以3块磁盘组建RAID-5卷为例，介绍RAID-5卷创建的步骤。

Step 01 在"磁盘1"的"未分配"空间中右击，在弹出的快捷菜单中选择"新建RAID-5卷"选项，如图4-66所示。

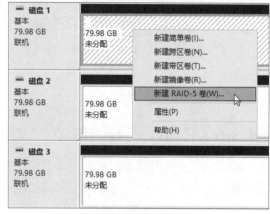

图 4-66

Step 02 在新建向导中，将磁盘2、磁盘3也加入"已选的"列表中，设置每块磁盘中划拨的容量，单击"下一页"按钮，如图4-67所示。

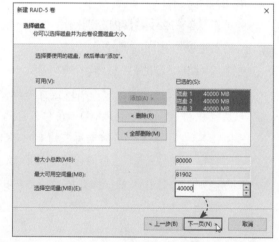

图 4-67

确定并初始化后，可以看到创建效果，如图4-68所示，在"此电脑"中，可以看到该卷总容量为总容量的2/3，如图4-69所示。

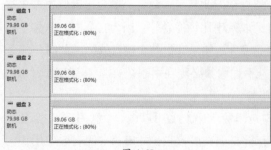

图 4-68

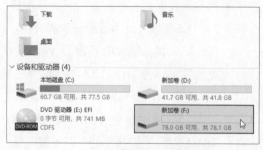

图 4-69

4.4 磁盘配额的管理

磁盘配额的目的是对不同的用户采取不同的存储策略，可以为用户所能使用的磁盘空间进行配额限制，每一用户只能使用最大配额范围内的磁盘空间，从而节约并充分利用磁盘空间。下面介绍磁盘配额的相关知识。

4.4.1 磁盘配额

磁盘配额可以避免因某个用户过度使用磁盘空间而造成其他用户无法正常工作，甚至影响系统运行。在服务器管理中此功能非常重要，在域环境中也被经常使用。磁盘配额只支持磁盘分区形式的磁盘配额管理和NTFS文件系统。

可以根据分区或者账户管理磁盘匹配。磁盘配额会对每个账户上的磁盘空间监控管理。启用磁盘配额后，所在分区显示的剩余空间实际是当前账户上分配的配额空间，不是磁盘实际空间。对于磁盘建立的配额，不管在哪块磁盘上，都是独立监控的。

4.4.2 磁盘配额的配置

磁盘配额在卷（分区）中进行设置，所以首先要对磁盘进行初始化。下面介绍磁盘配额的创建步骤。

Step 01 打开"此电脑"，在分区，如D盘上右击，在弹出的快捷菜单中选择"属性"选项，如图4-70所示。

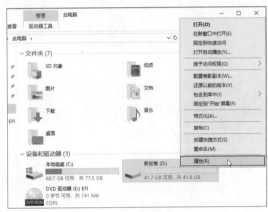

图 4-70

Step 02 切换到"配额"选项卡，勾选"启用配额管理"和"拒绝将磁盘空间给超过配额限制的用户"复选框，选中"将磁盘空间限制为"单选按钮，设置用户账户可以使用的最大磁盘空间和警告等级对应的容量，如图4-71所示。

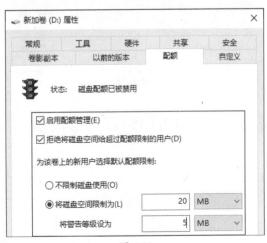

图 4-71

Windows Server服务器配置与管理标准教程（实战微课版）

Step 03 勾选"用户超出配额限制时记录事件"和"用户超过警告等级时记录事件"复选框，单击"确定"按钮，如图4-72所示。

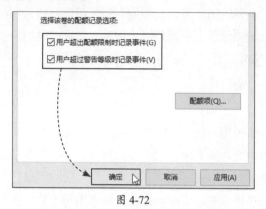

图 4-72

Step 04 系统弹出需要重新扫描的提示，单击"确定"按钮，如图4-73所示。

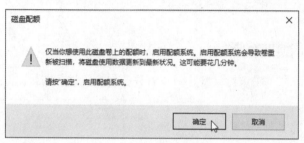

图 4-73

磁盘配额对管理员无法生效，此时可以登录其他普通账户，在"此电脑"中会发现该分区的大小已经变成了限额设定的值，如图4-74所示，如果复制文件超过了额定限制，会出现空间不足的提示，如图4-75所示。

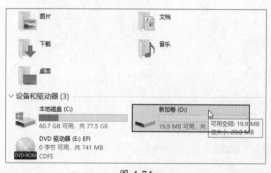

图 4-74

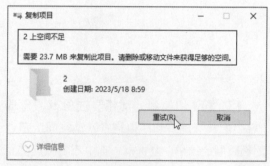

图 4-75

4.4.3　为用户设置磁盘配额

除了在卷上设置磁盘配额外，还可以为用户单独设置磁盘配额。卷的限额和用户的限额冲突时，以用户限额为准。

Step 01 进入"配额"界面，单击"配额项"按钮，如图4-76所示。

Step 02 在"配额项"界面可以查看所有用户的使用情况，双击某个用户限额项，如图4-77所示。

116

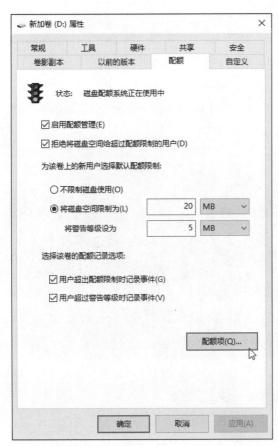

图 4-76

图 4-77

Step 03 在"配额设置"对话框为该用户设置专属配额,如图4-78所示,完成后单击"确定"按钮返回即可。如果用户存放文件过大,会在"配额项"界面显示警告信息,如图4-79所示。

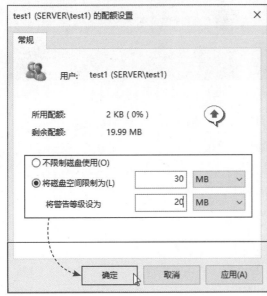

图 4-78

图 4-79

第
4
章
磁
盘
系
统
管
理

117

知识延伸：系统引导的修复

系统的引导分区存放在磁盘上，如果系统出现了问题，可以使用PE中的软件进行修复。

Step 01 启动PE，在"开始"菜单中找到并启动"Windows引导修复"选项，如图4-80所示。

Step 02 选择引导分区所在的盘符，可以在"此电脑"中确定盘符。这里的引导分区是G盘，为100MB，所以在这里输入"G"，如图4-81所示。

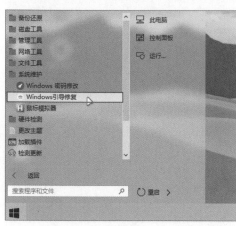

图 4-80

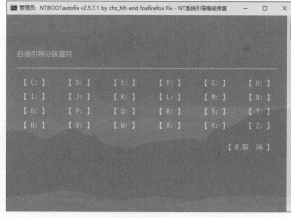

图 4-81

Step 03 单击"1.开始修复"按钮启动引导修复，如图4-82所示。

Step 04 引导修复开始，如图4-83所示。

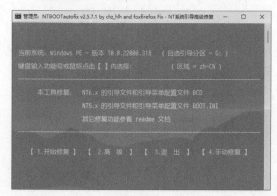

图 4-82

图 4-83

除了该软件，其他软件的操作方法类似，如图4-84所示，输入引导分区和系统分区的盘符，单击"开始重建"按钮即可修复。此外，还可以用命令修复。

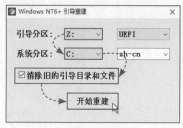

图 4-84

第5章
域环境的部署

　　中小型局域网中的计算机之间各自独立，用户仅能使用本人的计算机，网络管理员在部署时需要对每一台设备进行管理和安全配置，非常烦琐且容易出错，效率较低。为了解决这种问题，微软公司提出了域的概念，使用Windows Server操作系统即可搭建域环境。可以使用域环境对网络资源进行统一管理和配置，可大幅提高工作效率。另外微软的很多服务也依赖于域环境。本章将着重介绍域环境的搭建、配置以及使用。

重点难点

- 域环境简介
- 部署域控制器
- 域环境的管理
- 域的加入与退出

5.1 域环境概述

为了便于资源的统一配置、管理与安全策略的实施,很多大型企业会使用域环境。下面介绍域的相关知识。

5.1.1 域环境

小型网络中,管理员往往单独管理每一台计算机,每台计算机都是默认工作组中一个独立的管理单元。当网络规模扩大到一定程度时,需要管理的计算机数量和用户数量都将是一个庞大的数字。在管理过程中,分配资源、设置权限、管理用户等都非常烦琐,而且极易产生各种问题。此时可以将网络中的计算机从逻辑上组织到一起,并视为一个整体进行集中管理,这种区别于工作组的逻辑环境就叫Windows域(Domain)。域是组织与存储资源的核心管理单元。域环境的主要特点包括以下几点。

1. 集中管理

域环境可以实现对象(包括用户和计算机)和安全策略的集中管理和部署,这是域环境的最显著特点。域环境是C/S(客户机/服务器)管理模式在局域网构建中的应用。在域环境中,有专门用来管理或者提供服务的各种服务器,如用于对象、安全策略管理的各级域控制器(Domain Controller,DC)。通过DC中的活动目录(Active Directory,AD)和域组策略可以对整个网络中的用户账户(包括用户权限、权利)、计算机账户和安全管理策略进行统一管理、统一部署。这样域环境中各成员计算机的角色就不再是平等的,有管理(各服务器)和被管理(各客户机)之分。

2. 多级账户和安全策略

在域环境中,域账户和安全策略可以有多级,最小的安全策略边界是域中的"组织单位"(OU),最大的安全边界是域林;而用户账户可以是子域中的,也可以是父域中的。不同安全级别的配置应用是按照先本地、后域的规则进行的。在域层次中,则是按照精确度由低到高的顺序进行应用的。最后应用的级别最高。

因为存在多级账户和安全策略,所以在域环境中存在一个信任关系。也就是一个域可以与同一域林中的其他域建立单向或者双向的信任关系,不同域林之间也可以建立单向或者双向的信任关系。这样就可以实现单向或者双向访问的目的。

组策略的应用顺序

组策略的应用顺序:本地组策略→站点组策略→域组策略→子域组策略→组织单位组策略。

3. 默认信任

在工作组网络中,由于各用户账户都只是对各自计算机的本地环境有效,所以各成员计算机之间根本没有信任关系,要访问就必须先进行身份验证。而在域环境中,域用户账户在整个域环境有效，所以加入了域的计算机都遵守相同的信任协议，彼此相互信任，只要有域环境中合法的用户账户即可。这也是后面将介绍的"单点登录"的基础和前提。

4. 集中存储

集中存储也是域环境的一大优势和特点。在域环境中的用户文档或者数据可以集中保存在网络中的一台或者多台相应服务器上。用户文档还可以保存在服务器上为每个用户创建的用户主目录中，并且该目录只有用户自己可以访问，网络管理员也不能访问（当然网络管理员可以更改访问权限），极大地保障了各用户私有文档的安全性。同时也方便了网络数据的存储，提高了网络数据存储的安全性。

5. 单点登录

在域环境中采用的是单点登录（Single Sing On，SSO），就是用户只需要使用域账户登录一次，就可以实现对整个域环境共享资源的访问（当然这是要在授予了访问权限的前提下），而无须在访问不同计算机的共享资源时输入不同的账户信息，大大简化了网络资源的访问验证过程。在工作组网络中，因为安全边界就是各用户计算机本身，用户账户都是存储在各用户计算机上的，所以无法实现网络中的单点登录。单点登录的原理就是网络中的所有成员都信任同一套身份验证系统，可以是用户账户，也可以是用户邮箱名，还可以是其他应用系统的账号。

6. 采用 DNS 解析协议

在域环境中，用户计算机名称和IP地址的解析是通过DNS（Domain Name Services，域名服务）协议进行的，不再使用NetBIOS协议。DNS名称是以"."分隔的，是具有层次结构的名称，最大长度为255个字符，比NetBIOS名称允许的长度长了许多。

7. 支持漫游配置

在域环境中，每个域用户账户可以在域环境中任意一台允许本地登录的计算机上登录域环境，只要该计算机与域控制器在同一个网络中即可。而且用户的桌面环境及其他账户配置不会因在不同计算机上登录而不同，因为域环境支持全局漫游用户配置文件。这样极大地方便了用户的网络访问。

5.1.2　活动目录

要创建域环境，必须理解活动目录的相关概念，因为域和活动目录是密不可分的。严格来说，活动目录是Windows网络中的目录服务。对于活动目录域服务的概念，实际上包含两层含义：一是活动目录是一个目录；二是活动目录是一种服务。

这里所说的目录不是一个普通的文件目录，而是一个目录数据库，它存储着整个Windows网络中的用户账号、组、计算机、共享文件夹等对象的相关信息。目录数据库使整个Windows网络中的配置信息集中存储，使管理员在管理这些信息时可以集中管理，而不是分散管埋。

活动目录是一种服务，是指目录数据库所存储的信息都是经过事先整理的、有组织的、结构化的数据信息。这使得用户可以非常方便、快速地找到所需数据，也可以方便地对活动目录中的数据执行添加、删除、修改、查询等操作，所以，活动目录也是一种服务。

活动目录具有以下优点和特性。

1. 集中管理

活动目录集中组织和管理网络中的资源信息。它好比一个图书馆的图书目录，图书目录存放图书馆的图书信息，便于管理。通过活动目录可以方便地管理各种网络资源。

2. 便捷地访问网络资源

活动目录允许用户一次登录网络可以访问网络中的所有该用户有权限访问的资源。并且用户访问网络资源时不必知道资源所在的物理位置。活动目录允许快速、方便地查找网络资源，如用户账户、组、计算机、共享文件夹等。

3. 可扩展性强

活动目录具有强大的可扩展性，可以随着公司或组织的增长而一同扩展，允许从一个网络对象较少的小型网络环境发展为大型网络环境。

5.1.3　域控制器

域是一个计算机群体的组合，是一个相对严格的组织，而域控制器则是这个域内的管理核心。一个域由域控制器和成员计算机组成，域控制器就是安装了活动目录服务的服务器。活动目录的数据都存储在域控制器内。一个域可以有多台域控制器，它们都存储着一份完全相同的活动目录，并根据数据的变化同步更新。例如，当任意一台域控制器中添加了一个用户，这个用户的相关数据就会被复制到其他域控制器的活动目录中，以保持数据同步。用户登录时，则由其中一台域控制器验证用户的身份，如果账户和密码正确，就允许登录，否则就拒绝登录。

在对等网模式下，任何一台计算机只要接入网络，其他计算机都可以访问共享资源，如共享上网等。尽管对等网络上的共享文件可以加访问密码，但是非常容易被破解。不过在域模式下，控制器负责每一台联入网络的计算机和用户的验证工作，相当于一个单位的"门卫"。

5.1.4　域的结构

域的结构分为逻辑结构和物理结构，下面分别进行介绍。

1. 逻辑结构

活动目录的逻辑结构非常灵活，可以分成单域、域树、域林和组织单位等，它们并不是真实存在的一种实体，而是代表了活动目录中的一些关系和范围。

（1）单域

在规划域结构时，应该从单域开始，这是最容易管理的域结构，只有在单域模式不能满足用户的要求时，才增加其他的域。如果网络中只建立了一个域，那么可以将其称为单域结构。这是一种最常见，也最易于管理的域结构。单域结构适用于中小规模的企业，如图5-1所示。

Windows Server服务器配置与管理标准教程（实战微课版）

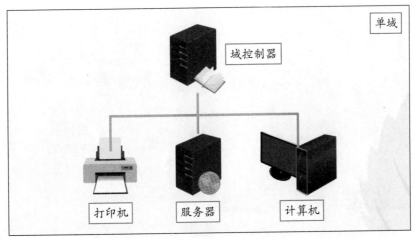

图 5-1

（2）域树

域树是具有连续的名称空间的多个域。域树是一种树状结构，如图5-2所示。最上层的域名为cs.com，是这个域树的根域，也称父域。下面的两个域111.cs.com和222.cs.com是cs.com域的子域，三个域共同构成了域树。

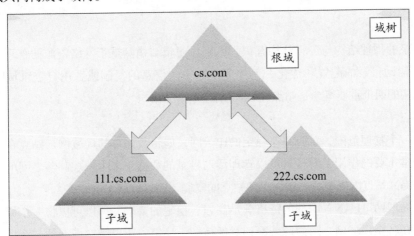

图 5-2

两个子域的域名111.cs.com和222.cs.com中仍包含根域的域名cs.com，因此，它们的名称空间是连续的。这也是判断两个域是否属于同一个域树的先决条件。单树结构适用于有分公司的中大型企业。

（3）域林

域林由一个或多个没有形成连续名称空间的域树组成，也可称为林或森林结构。林中的每个域树都有唯一的名称空间，它们之间并不是连续的，如图5-3所示，其中一个域树的名称以cs.com结尾，而另一个域树的名称以ts.com结尾。

在整个林中也存在着一个根域，这个根域是林中最先安装的域。cs.com是最先安装的，这个域是域林的根域。多树的森林结构适用于大型企业或集团级的企业。

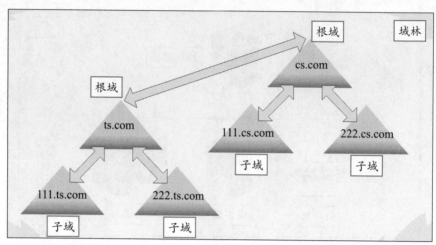

图 5-3

（4）组织单位

组织单位（Organizational Unit，OU）是可以将用户、组、计算机和其他组织单位放入其中的AD容器，是可以指派组策略设置或委派管理权限的最小作用域或单元。如果把AD比作一个公司，那么每个OU就是一个相对独立的部门。组织单位的创建需要在DC（域控制器）中进行。

2. 物理结构

活动目录的物理结构与逻辑结构有很大区别。逻辑结构侧重于网络资源的管理，而物理结构则侧重于活动目录的配置和优化，例如多个域之间信息的复制或者用户登录域时的性能优化。物理结构的两个重要概念是站点和域控制器。

（1）站点

站点是一个物理范围，对应高速稳定的IP子网，如企业内部的局域网。站点在活动目录复制中起着非常重要的作用，管理员可以管理活动目录的数据在多个域控制器之间的复制关系拓扑，以此来提高站点内复制（局域网）和站点间复制（跨广域网）的效率。

通常，局域网（LAN）内部的链接满足高速、稳定的要求，所以可以将一个局域网划作一个站点，而在各个局域网之间的广域网相对低速、不稳定，所以跨广域网的多个局域网应当划作不同的站点。

> **知识拓展**
>
> **站点和域**
>
> 一个站点可以包含多个域，一个域也可以包含多个站点。

（2）域控制器

域控制器保存了活动目录信息的副本，并负责把这些信息及最新的变化复制到其他域控制器上，使各个域控制器上的信息保持同步。主要有以下三种类型的活动目录数据在域控制器之间进行复制。

- **域数据：** 包含与域中的对象有关的信息。这些信息包括用户、计算机和电子邮件联系对象及其属性信息。

- **配置数据**：配置数据描述目录的拓扑结构，包括所有域、域树和域林的列表，以及域控制器和全局编录服务器所处的位置。
- **域架构数据**：架构是对活动目录中存储的所有对象和属性数据的正式定义。管理员可以通过定义新的对象类型和属性。或者为现有的对象添加新的属性，从而对架构进行扩展。一个域至少有一个域控制器。通常规模较小的域需要两个域控制器，其中一个用于冗余；而规模较大的域通常有多个域控制器。

5.2 域控制器的部署

在部署与控制前，需要配置好固定IP地址，为方便管理，可以重新设置服务器名称，然后部署域控制器，部署完毕后，需要将该服务器提升为域控制器。

5.2.1 安装活动目录

部署域控制器其实就是安装活动目录，和安装其他服务的过程类似，下面介绍具体的操作步骤。

Step 01 在"服务器管理器▸仪表板"中单击"添加角色和功能"链接，如图5-4所示。

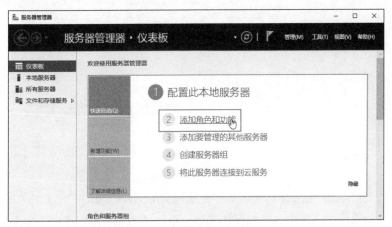

图 5-4

Step 02 系统弹出"添加角色和功能向导"对话框，单击"下一页"按钮，如图5-5所示。

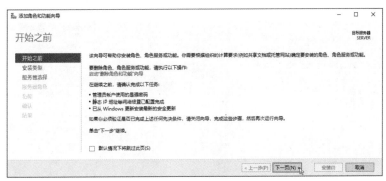

图 5-5

Step 03 设置安装类型,选中"基于角色或基于功能的安装"单选按钮,单击"下一页"按钮,如图5-6所示。

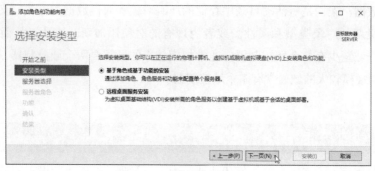

图 5-6

Step 04 选择准备安装活动目录的服务器,单击"下一页"按钮,如图5-7所示。

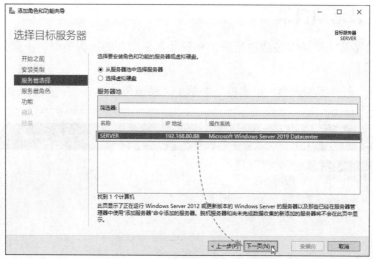

图 5-7

Step 05 勾选"Active Directory域服务"复选框,如图5-8所示。

Step 06 在弹出的对话框中各选项保持默认,单击"添加功能"按钮,如图5-9所示。返回图5-8所示的界面,单击"下一页"按钮,进入下一个配置界面。

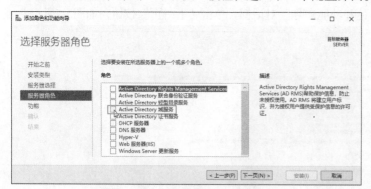

图 5-8   图 5-9

Step 07 进入"选择功能"界面,可以根据需要选择安装其他的功能组件。本例保持默认，单击"下一页"按钮，如图5-10所示。

图 5-10

Step 08 向导给出"AD DS"的注意事项，单击"下一页"按钮，如图5-11所示。

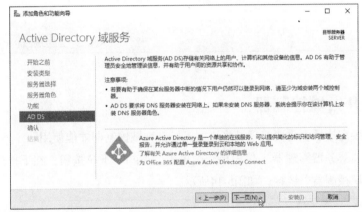

图 5-11

Step 09 查看所有安装的内容，单击"安装"按钮，如图5-12所示。

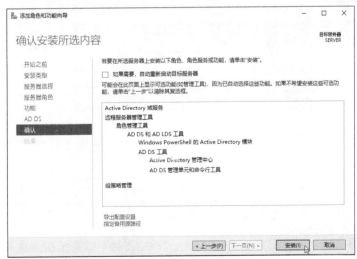

图 5-12

Step 10 开始安装域服务，并显示进度，完成后会显示成功信息，单击"关闭"按钮，如图5-13所示。

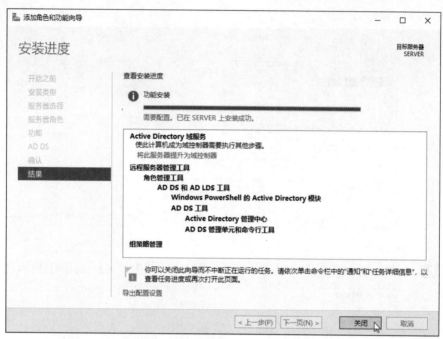

图 5-13

5.2.2 提升为域控制器

活动目录安装完毕后，需要管理员将该主机提升为域控制器才能使用。

Step 01 在"服务器管理器·仪表板"中单击"通知"下拉按钮，在下拉列表中单击"将此服务器提升为域控制器"链接，如图5-14所示。

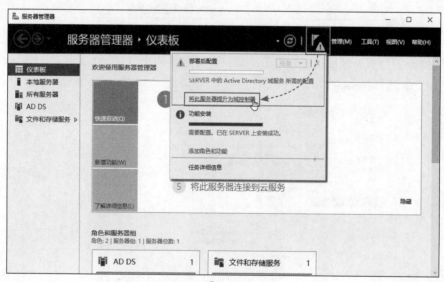

图 5-14

Step 02 在弹出的"部署配置"窗口中选择"添加新林"单选按钮，输入需要创建的根域名，如"test.com"，完成后单击"下一页"按钮，如图5-15所示。

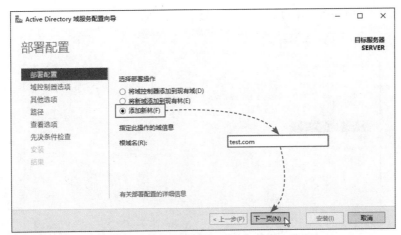

图 5-15

Step 03 在"域控制器选项"中设置目录服务还原模式密码后,单击"下一页"按钮,如图5-16所示。

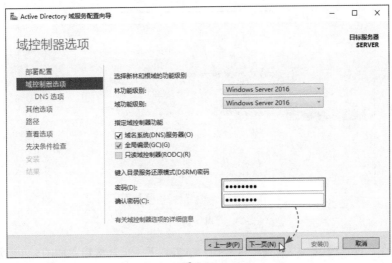

图 5-16

Step 04 如果域控制器要与现有的DNS服务器配合,可以创建DNS委派。在后面的章节会介绍DNS的部署,这里保持默认,单击"下一页"按钮,如图5-17所示。

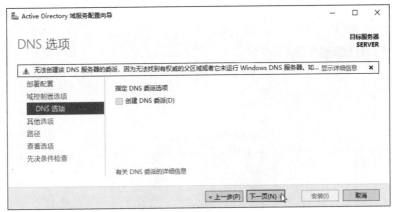

图 5-17

Step 05 在"其他选项"中设置"NetBIOS域名",单击"下一页"按钮,如图5-18所示。

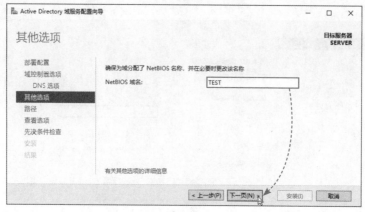

图 5-18

Step 06 在"路径"中对一些基本文件的存储位置进行设置,此处保持默认,单击"下一页"按钮,如图5-19所示。

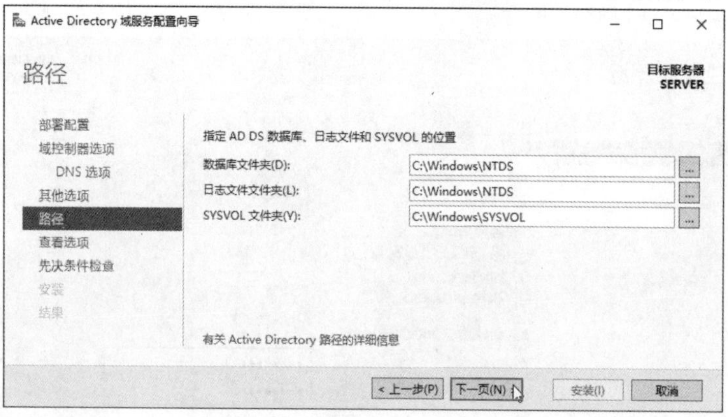

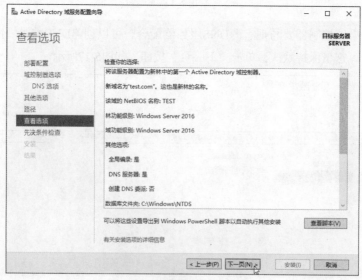

图 5-19

Step 07 在"查看选项"中检查所有配置,单击"下一页"按钮,如图5-20所示。

图 5-20

Step 08 系统给出先决条件检查结果，单击"安装"按钮，如图5-21所示。

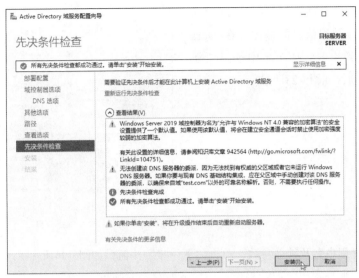

图 5-21

系统会自动安装并配置DNS服务，然后安装域服务，接下来会自动重启服务器，对系统各项服务和参数进行配置。到此活动目录和域控制器部署完毕。

5.3 域环境的管理

常见的域环境的管理主要包括用户和计算机账户的管理，以及域和域控制器的管理等内容，下面介绍一些常见的配置管理操作。

5.3.1 用户和组的管理

在域环境下，可以通过活动目录对网络中的资源进行集中管理，包括用户账户、组、共享文件夹、打印机、计算机、域控制器、组织单位等。用户和组管理是域环境管理的重要组成部分。下面介绍用户和计算机管理的相关操作。

1. 域用户的创建

在将普通服务器提升为域控制器时，服务器中的账户会自动变成域账户。域账户可以登录域中任意一台设备，域账户的创建步骤如下。

Step 01 在"服务器管理器"中单击"工具"下拉按钮，在下拉列表中选择"Active Directory用户和计算机"选项，如图5-22所示。

图 5-22

Step 02 在弹出的"Active Directory用户和计算机"界面中展开Users项目，可以看到所有域中的账户以及组信息的描述。在Users选项上右击，在弹出的快捷菜单中选择"新建"|"用户"选项，如图5-23所示。

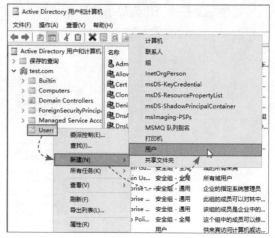

图 5-23

Step 03 设置用户名及其他参数，单击"下一步"按钮，如图5-24所示。

Step 04 设置账户密码，取消勾选"用户下次登录时须更改密码"复选框，勾选"密码永不过期"复选框，单击"下一步"按钮，如图5-25所示。

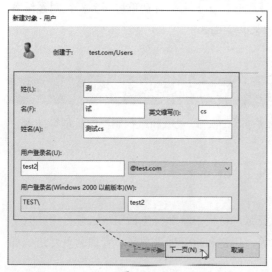

图 5-24

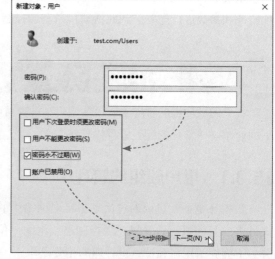

图 5-25

Step 05 查看所有的设置参数，单击"完成"按钮，如图5-26所示。

图 5-26

Step 06 创建完毕后，返回Users组中，可以看到该用户，如图5-27所示。

图 5-27

知识拓展

"本地用户和组"在域环境中

"本地用户和组"包括Win-dows Admin Center，在域环境中无法使用，如图5-28所示，只能使用Active Directory管理。

图 5-28

动手练 **删除域用户账户**

删除域中的用户，可以按照前面的方法进入Active Directory中，展开Users组，找到需要删除的用户，在其上右击，在弹出的快捷菜单中选择"删除"选项，如图5-29所示，在弹出的确认删除界面中单击"是"按钮，如图5-30所示，完成删除操作。

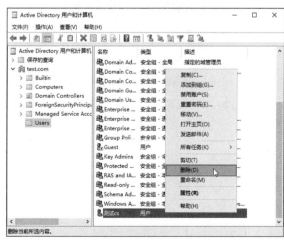

图 5-29

图 5-30

2. 域用户的设置

创建了用户账户后，可以随时调整用户账户的属性和权限等内容。双击用户账户，会弹出"属性"对话框，其中有很多选项卡，对应各种功能属性的分组。其中比较常用的属性设置如下。

（1）修改用户账户信息

用户的账户信息可以在"常规"选项卡以及"组织"选项卡中进行设置，如图5-31和图5-32所示。

图 5-31　　　　　　　　　　　　　　　　　　图 5-32

知识拓展

其他账户信息

　　用户还可以在"地址"选项卡中修改地区信息，在"电话"选项卡中修改联系信息。

（2）修改用户账户属性

可以在"账户"选项卡中修改用户的账户属性，包括登录名、密码策略、锁定及解锁账户、禁用及启用账户以及账户过期时间，如图5-33所示。单击"登录时间"按钮，可以设置允许用户登录域的时间，如图5-34所示。

Windows Server服务器配置与管理标准教程（实战微课版）

图 5-33

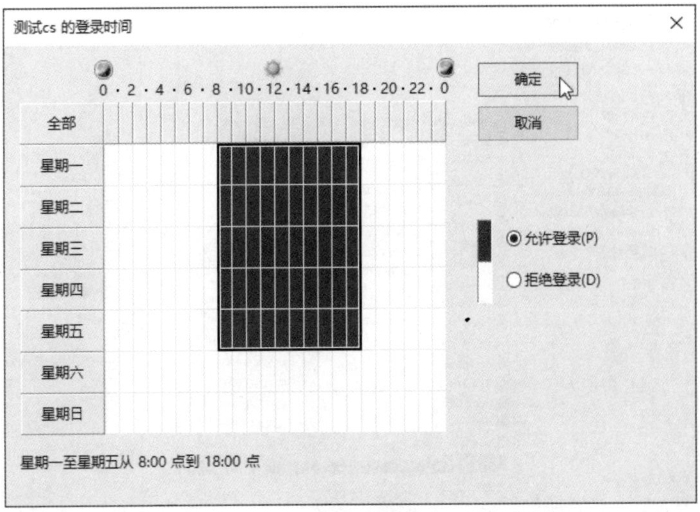

图 5-34

动手练 加入组

域用户账户加入组，可以在"隶属于"选项卡中单击"添加"按钮，如图5-35所示，在弹出的界面中搜索指定组，检查名称后单击"确定"按钮，如图5-36所示。返回上一级后继续单击"确定"按钮并返回Active Directory，至此完成组的加入。

图 5-35

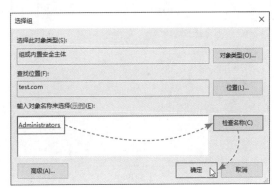

图 5-36

动手练 创建相同属性账户

所谓相同属性，指除用户的专有属性（姓名、登录名等）外，其他的安全策略、账户配置、组等都相同的属性。通过该种方法，可以方便快捷地创建其他类似的账户。

Step 01 在用户名上右击，在弹出的快捷菜单中选择"复制"选项，如图5-37所示。

Step 02 在弹出的"复制对象–用户"对话框中设置基本信息后，单击"下一页"按钮，如图5-38所示。

图 5-37

图 5-38

Step 03 设置密码，按需要设置密码策略，单击"下一页"按钮，如图5-39所示。

Step 04 查看配置信息，确认无误后单击"完成"按钮，如图5-40所示，完成相同属性账户的创建。

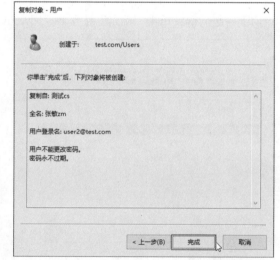

图 5-39

图 5-40

知识拓展

快捷菜单的功能

在用户名上右击，在弹出的快捷菜单中可以执行添加到组、禁用及启用账户、重置密码、移动到其他分组等操作。

3. 组的设置

在域环境中，组有两种类型：安全组与通信组。

● **安全组**：安全组可以提供一种高效的方式来分配对网络上资源的访问。一般创建的组都是安全组。

● **通信组**：没有安全方面的功能，只能用作电子邮件的通信。

在域环境中，组的作用域有三种：本地域组、全局组、通用组。

● **本地域组**：本地域组成员来自林中任何域中的用户账户、全局组和通用组以及本域中的域本地组，在本域范围内可用。通常针对本域的资源创建本地域组。

● **全局组**：全局组成员来自于同一域的用户账户和全局组，在域林范围内可用。也就是说能够添加到全局组的成员是本域的成员或者全局组（这样就构成了组的嵌套）。

● **通用组**：通用组成员来自域林中任何域中的用户账户、全局组和其他的通用组，在全域林范围内可用。但是注意通用组的成员不是保存在各自的域控制器上，而是保存在全局编录中，当发生变化时能够全域林复制。

（1）创建组

在Users上右击，在弹出的快捷菜单中选择"新建"|"组"选项，如图5-41所示。配置好"组名"，单击"确定"按钮，如图5-42所示。

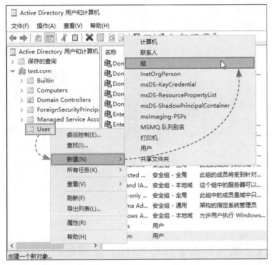

图 5-41　　　　　　　　　　　　　　　　图 5-42

（2）设置组

创建组以后，可以双击组名，在组的"属性"对话框中设置组的类型、成员、隶属于和管理者等相关设置，如图5-43和图5-44所示。

图 5-43　　　　　　　　　　　　　　　　图 5-44

4. OU 的设置

一个域中有多种对象，如用户账户、组、计算机账户、文件夹、打印机等。在一个平面内有条理地管理所有对象非常困难，OU提供一种解决方案，它采用逻辑的等级结构来组织域中所有的对象，方便管理。创建OU的步骤和创建组类似，下面介绍创建OU的操作步骤。

Step 01 在 "Active Directory用户和计算机" 中的域名上右击，在弹出的快捷菜单中选择 "新建" | "组织单位" 选项，如图5-45所示。

Step 02 在弹出的 "新建对象-组织单位" 对话框中设置OU的 "名称"，单击 "确定" 按钮，如图5-46所示。

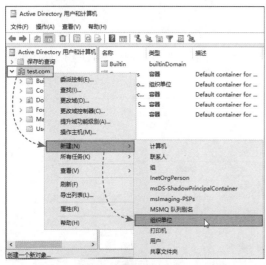

图 5-45

图 5-46

动手练 向OU中添加对象

可以通过创建、移动、复制等操作，将操作对象转移到OU内：在用户上右击，在弹出的快捷菜单中选择 "移动" 选项，如图5-47所示。选中目标位置，单击 "确定" 按钮，如图5-48所示，完成OU对象的添加。

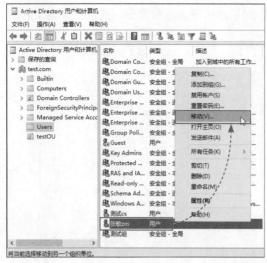

图 5-47

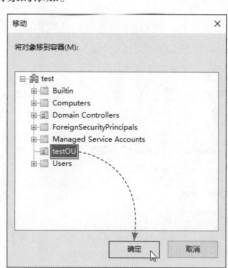

图 5-48

5.3.2 活动目录的管理

在域环境搭建完毕后，如果需要对活动目录进行修改，可以按照下面的方法进行操作。

Step 01 在"服务器管理器"中单击"工具"下拉按钮，在下拉列表中选择"Active Directory 管理中心"选项，如图5-49所示。

Step 02 在"Active Directory管理中心"界面选择域，并双击Domain Controllers选项，如图5-50所示。

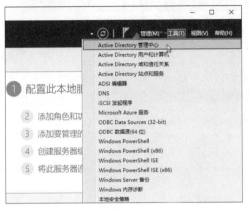

图 5-49

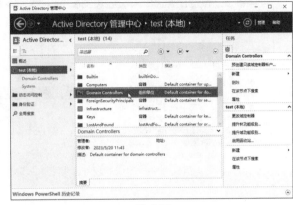

图 5-50

知识拓展

其他功能

除了管理域控制器，在活动目录管理中心的域中，还可以查看及管理各种容器、组织单位等，如计算机、密钥、用户、OU、设备等。

Step 03 在域控制器名称上右击，在弹出的快捷菜单中选择"属性"选项，如图5-51所示。

Step 04 在打开的属性界面中，可以查看域控制器信息、设置管理者信息、添加域控制器的管理成员、设置委派等，如图5-52所示。

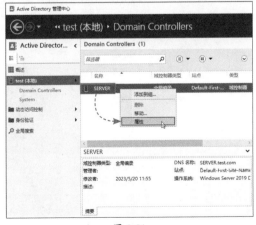

图 5-51

图 5-52

全局搜索

如果要查找域中的用户、组、容器等各种资源，可以在全局搜索中输入关键字进行搜索，如图5-53所示。搜索后可以直接对搜索对象进行各种设置。

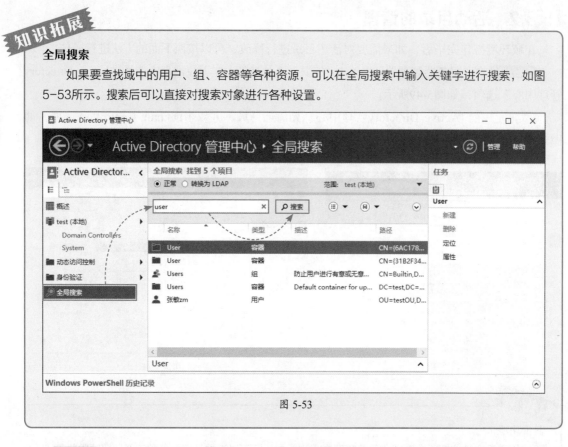

图 5-53

Step 05 在"Active Directory管理中心"，除了管理域外，还可以实现动态访问控制以及身份验证，可以设置身份验证策略，如图5-54所示。

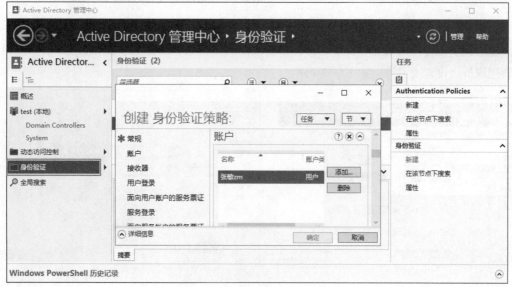

图 5-54

Step 06 在"Active Directory管理中心",还可以创建用户账户、组、创建OU、设置属性等,如图5-55所示。

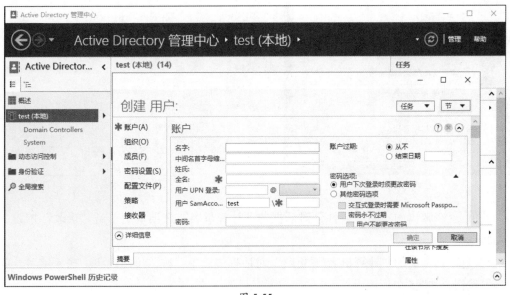

图 5-55

5.4 域的加入与退出

域服务器及域环境搭建完成后,局域网中的其他计算机或服务器等设备就可以加入该域环境中,通过域账号登录设备进行管理。下面介绍域的加入与退出操作。

5.4.1 加入域

计算机加入到域环境,需要变更域的属组,前提是需要创建好域环境。另外,需要将客户机的DNS服务器地址设置为域控制器的IP地址,如图5-56所示。或者所设置的DNS服务器能够正确地将域环境的名称解析为域控制器的IP地址,才能加入域,如图5-57所示。

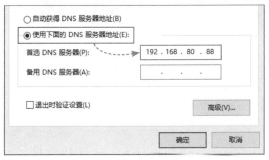

图 5-56

图 5-57

Step 01 桌面环境中,在"此电脑"上右击,在弹出的快捷菜单中选择"属性"选项,如图5-58所示。

Step 02 在"关于"界面单击"重命名这台电脑"链接,如图5-59所示。

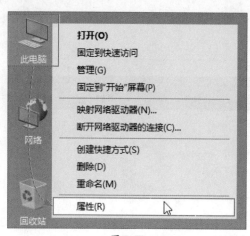

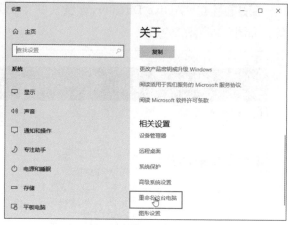

图 5-58 图 5-59

Step 03 在弹出的"系统属性"对话框的"计算机名"选项卡中单击"更改"按钮，如图5-60所示。

Step 04 在弹出的"计算机名/域更改"对话框中选中"域"单选按钮，输入域名，单击"确定"按钮，如图5-61所示。

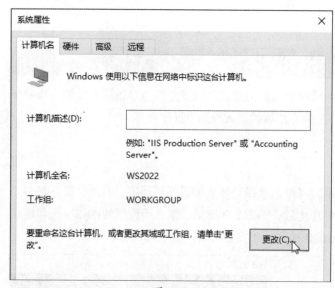

图 5-60 图 5-61

Step 05 在弹出的"Windows安全中心"对话框中输入有权限加入域的账户及密码，单击"确定"按钮，如图5-62所示。

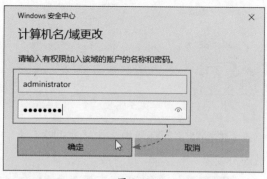

图 5-62

Step 06 如果配置没有问题，会弹出成功加入域的提示，如图5-63所示。

成功后会弹出重启提示，如图5-64所示，按提示重启计算机即可。

图 5-63

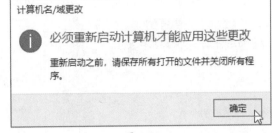

图 5-64

5.4.2　登录域

在计算机重启以后，可以在欢迎界面中使用域账户登录本设备。下面介绍登录域的操作。

Step 01 重启计算机，进入欢迎界面，单击"其他用户"按钮，如图5-65所示。如果使用默认的方式登录，仍可以登录本机环境。

图 5-65

Step 02 输入可以登录域环境的用户账户和密码，单击→按钮，如图5-66所示。

图 5-66

完成登录后进入系统，此时使用的是域账户，所以在进行一些需要权限的操作时，需要域管理员授权，如图5-67所示，在计算机属性中可以看到，此时加入了域环境，计算机名称也进行了相应更改，如图5-68所示。此时登录的用户名也不在"本地用户和组"中。

图 5-67

图 5-68

5.4.3　管理域设备

计算机或服务器加入域环境后，会在活动目录中自动保存该计算机的信息，可以通过"Active Directory管理中心"管理域中的设备。

Step 01 启动"Active Directory管理中心"，从本地域控制器的管理条目中找到并双击Computers选项，如图5-69所示。

Step 02 在列表中找到并双击新加入的计算机名称，如图5-70所示。

图 5-69

图 5-70

可以查看该计算机的属性信息，并可以配置成员、身份验证策略、委派等参数，如图5-71所示。

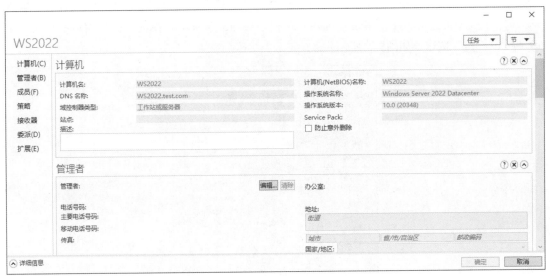

图 5-71

5.4.4　退出域环境

退出域环境有两种，一种是指设备退出域登录状态，改用设备的本地账户登录。返回本地后登录或者需要使用其他信任域的账户登录，可以按照下面的方法进行。另一种是退出域环境，恢复到工作组状态。

Step 01 注销当前账户后，返回欢迎界面，解锁后单击"其他用户"按钮，如图5-72所示。

Step 02 按照规则，输入"域名\域用户名"，可以使用信任域的账户登录，如果使用本地账户登录，则输入"本计算机名\本地用户名"以及密码，单击→按钮即可登录，如图5-73所示。

图 5-72

图 5-73

动手练 **退出域**

退出域环境可以重新进入"系统属性"界面，选中"工作组"单选按钮，输入WORKGROUP，单击"确定"按钮，如图5-74所示。在提示信息窗口中单击"确定"按钮，如图5-75所示。

图 5-74

图 5-75

系统弹出成功加入工作组提示，按照系统提示重启设备，完成退出域的操作。

知识延伸：管理用户配置文件

用户在加入了域环境后，可以在域中的任意一台计算机上登录。如果需要在每台计算机上登录，登录环境和工作方式都相同，则需要设置用户配置文件。

1. 用户配置文件简介

用户配置文件是为了使计算机符合所需的登录环境和工作方式设置的集合，其中包括桌面背景、屏幕保护程序、指针首选项、声音设置及其他功能的设置。用户配置文件可以确保只要登录Windows便会使用个人首选项。用户配置文件与用于登录Windows的用户账户不同。每个用户账户至少有一个与其关联的用户配置文件。

用户第一次登录某台计算机时，Windows通过模板文件为该用户创建用户配置文件，并保存在"C:\用户（Users）\用户名"文件夹中，如图5-76所示。用户在登录的计算机上对工作环境所做的修改在注销时将被保存到该文件夹下的配置文件中，并在下次登录系统时应用修改后的配置。用户配置文件包括多种类型，分别用于不同的工作环境。

图 5-76

2. 漫游用户配置文件

　　漫游配置文件是将用户的配置文件上传到服务器的某个文件夹中，当用户登录时，会自动从该文件夹内获取用户的配置文件，这样用户在域中任意一台计算机上登录，工作环境都一致。当用户更改了环境，在退出系统时，又会自动同步到该文件夹中。创建的方法如下。

　　Step 01 在域控制器上创建一个共享文件夹，并保证需要漫游的用户有可写权限，如图5-77所示。

　　Step 02 进入"Active Directory管理中心"界面，找到并双击需要配置的用户名，如图5-78所示。

图 5-77

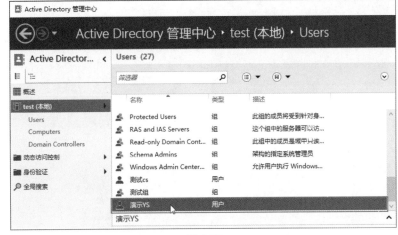

图 5-78

Step 03 选择"配置文件"选项卡，并配置文件路径格式为"\\服务器名\共享名\用户名"，完成后单击"确定"按钮，如图5-79所示。

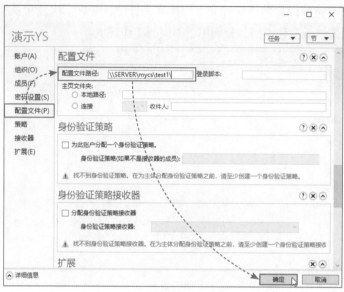

图 5-79

Step 04 使用该用户登录其他计算机并注销后，会自动上传用户的配置文件，在服务器上可以查看用户对应文件夹中的数据，如图5-80所示。

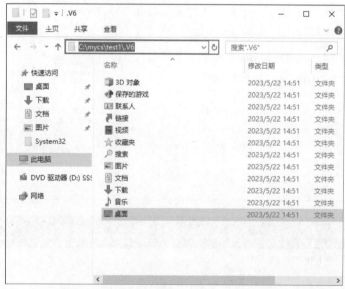

图 5-80

第6章
配置DHCP与DNS服务

　　服务器之所以被称为服务器，是因为其可以在网络中为其他设备提供各种网络服务。Windows Server 2019结合了以往版本的优势，在网络功能、稳定性、安全性方面都有所提高。在局域网环境中，DHCP与DNS服务是最常使用的网络服务，本章将着重介绍这两种服务的搭建操作。

重点难点

- DHCP服务原理及搭建
- DNS服务原理及搭建

6.1 DHCP服务

DHCP服务是局域网应用比较多的服务，通过该服务，客户端可以从服务器上获取到网络通信的IP地址。该服务广泛应用于小型局域网中，一般在路由器上实现。而大中型局域网一般会采用DHCP服务器，以满足更复杂的网络需求。

6.1.1 DHCP服务概述

DHCP（Dynamic Host Configuration Protocol，动态主机配置协议）的作用是向网络中的计算机和网络设备自动分配IP地址、子网掩码、网关、DNS等网络信息的服务。提供DHCP服务的主机就叫DHCP服务器。

计算机和网络设备需要IP地址才能通信，IP地址的获取方式包括手动配置和自动获取两种。手动配置比较容易出现错误及IP地址冲突，在大型企业中，计算机和网络设备的数量都非常巨大，手动配置极易出现错误，并增加管理员的负担。从DHCP网络服务器获取IP地址可以减轻管理员的工作负担，并减少错误。

手动输入的IP地址叫静态IP。由于从DHCP服务器获取的IP地址有使用时间限制，租约到期后，DHCP服务器会收回该IP地址，以便分配给其他请求的设备。重启计算机和网络设备后，有可能重新获取其他IP地址，所以从DHCP服务器获取的IP地址也叫动态IP。

知识拓展

> **DHCP服务应用范围**
>
> 一般计算机及网络终端使用的都是从DHCP服务器获取的IP地址。而一些关键设备及服务器，由于要针对IP地址进行监控和识别，所以采用的是静态IP。当然也可以在DHCP服务器上进行设置，针对这些关键设备固定分配某些IP地址。

DHCP的协商过程分为以下六个阶段。

1. 客户机请求 IP 地址阶段

客户机以广播的方式发送DHCP Discover信息来寻找DHCP服务器，广播中包含DHCP客户机的MAC地址和计算机名，以便DHCP服务器确认是哪台客户机发出的。

2. 服务器响应阶段

服务器收到请求，在IP地址池中查找是否有合法的IP地址供客户机使用。如果有，会发送一条DHCP Offer信息，该信息是单播形式，内容包括DHCP客户机的MAC地址、提供的IP地址、子网掩码、默认网关、租约期限、服务器的IP地址。

3. 客户机选择 IP 地址阶段

客户机收到第一条DHCP Offer信息后，会提取其中的IP地址，给所有的DHCP服务器发送Request信息，表明它接受该DHCP服务器的IP地址信息。该DHCP服务器也会保留该IP地址信息，不再分配给其他客户机。未被采用IP地址的其他DHCP服务器会取消保留，并等待下一个客户机请求。

4. 服务器确定租约阶段

选定的DHCP服务器收到客户机的Request信息后，以DHCP ACK消息的形式向客户机广播成功确认。该消息中包含有效租约和其他可配置信息。客户机在收到DHCP ACK消息，会配置IP地址，完成TCP/IP初始化。

5. 重新登录阶段

此后DHCP客户机重新连接□□□□□□□□□□□□□□□ver信息，而是直接发送包含前一次信息的DHCP Request请□□□□□□□□□□□□□□如果未分配，则回复一个DHCP ACK，同意客户机继续□□□□□□□□□□□□□□□

如果发现该IP地址已经被□□□□□□□□□□ack的否认信息，收到该信息的DHCP客户端会重新发送□□□□□□□□□□□CP地址的获取过程。

6. 更新租约阶段

当到了租约时间的50%□□□□□□□□□□□□□□DHCP Request包单播给DHCP服务器。如果收到DHCP A□□□□□□□□□□□了租约的87.5%时，还没有收到DHCP ACK包，说明之前□□□□□□□□□□□网络中可能会存在备份的DHCP服务器。此时会采用广□□□□□□□□□□□备份的DHCP服务器收到DHCPRequest包，会发送DHC□□□□□□□□□□更新租约时间。如果到租约时间结束还未收到DHCP A□□□□□□□□□□送DHCP Discover包，重新申请IP地址。

如果始终无法找□□□□□□□□□□□.254.0.0"网段中的一个IP，并每隔5分钟尝试与DHCP服□□□

6.1.2 DHC□□□

在Windows S□□□□□□□□□□□□色和功能"快速搭建各种服务。下面介绍D□□□□□□□□□□□

`Step 01` 启□□□□□□□□□□功能"链接，如图6-1所示。

图 6-1

Step 02 启动配置向导后，勾选"默认情况下将跳过此页"复选框，单击"下一页"按钮，如图6-2所示。

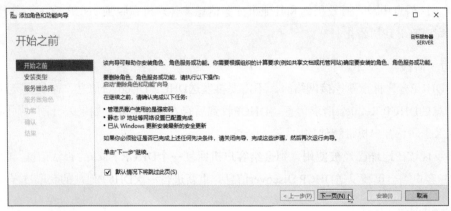

图 6-2

Step 03 选中"基于角色或基于功能的安装"单选按钮，单击"下一页"按钮，如图6-3所示。

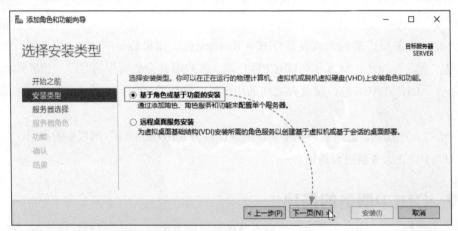

图 6-3

Step 04 选择服务器后，单击"下一页"按钮，如图6-4所示。

Step 05 勾选"DHCP服务器"复选框，如图6-5所示。

图 6-4

图 6-5

Step 06 在确认框中单击"添加功能"按钮，如图6-6所示。

Step 07 返回后单击"下一页"按钮,在"选择功能"对话框中保持默认,单击"下一页"按钮,如图6-7所示。

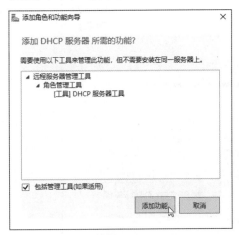

图 6-6

图 6-7

Step 08 系统弹出"DHCP服务器"对话框,单击"下一页"按钮,如图6-8所示。

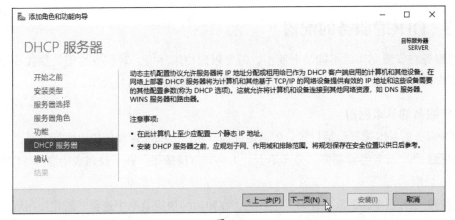

图 6-8

Step 09 完成所有配置后单击"安装"按钮,启动安装,如图6-9所示。

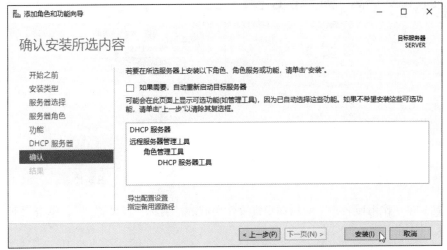

图 6-9

Step 10 系统启动安装，安装完毕后会提示已成功安装，单击"关闭"按钮，如图6-10所示。

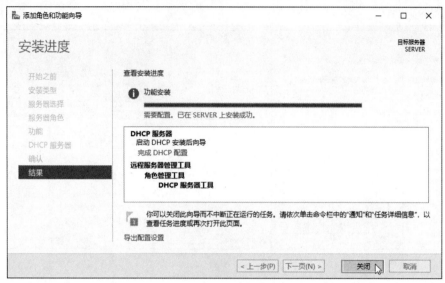

图 6-10

6.1.3 DHCP服务的配置

一般服务在安装完毕后不能马上使用，需要根据使用环境，对服务的相关参数进行设置以后才能正常运行。下面介绍DHCP服务参数的配置和功能管理的相关操作。

1. DHCP 服务的基本配置

DHCP服务的基本配置包括设置分配的地址池、租约时间、保留的IP地址等内容。

Step 01 在"服务器管理器"界面单击"工具"下拉按钮，在下拉列表中选择"DHCP"选项，如图6-11所示。

Step 02 展开服务器，在"IPv4"上右击，在弹出的快捷菜单中选择"新建作用域"选项，如图6-12所示。

图 6-11

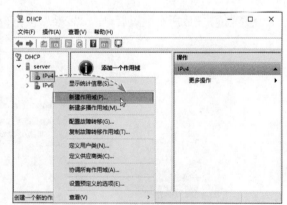

图 6-12

Step 03 在"作用域名称"对话框中设置作用域的"名称"及"描述"，单击"下一页"按钮，如图6-13所示。

Step 04 在"IP地址范围"对话框中设置DHCP分配的IP地址的"起始IP地址""结束IP地

址"以及"子网掩码",单击"下一页"按钮,如图6-14所示。

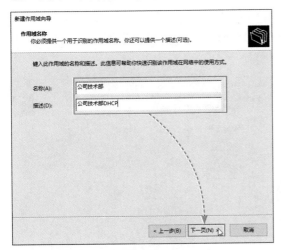

图 6-13

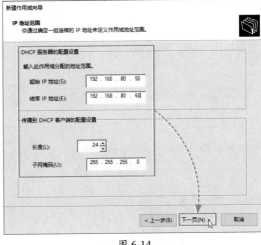

图 6-14

知识拓展

返回继续配置

在配置过程中,如果出现错误,只要没有完成配置,可以随时回到之前的配置页面中重新配置参数。

Step 05 在"添加排除和延迟"对话框中设置在地址池中需要排除的IP地址。如果没有,直接单击"下一页"按钮,如图6-15所示。

Step 06 设置租约的时间,保持默认,单击"下一页"按钮,如图6-16所示。

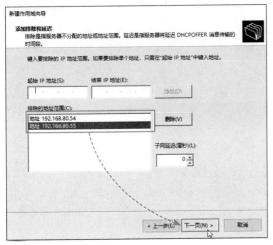

图 6-15

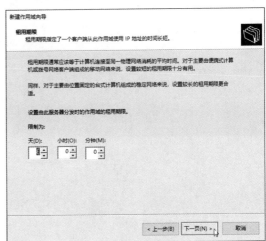

图 6-16

知识拓展

排除地址及地址范围

在排除地址时,如果要排除单个地址,只要输入起始IP,单击"添加"按钮即可。如果要排除地址范围,需要在起始IP和结束IP里输入地址,然后添加。

Step 07 在"配置DHCP选项"对话框中，如果要配置其他项目，如网关、DNS服务器的IP地址，则选中"是，我想现在配置这些选项"单选按钮，单击"下一页"按钮，如图6-17所示。

Step 08 在"路由器"对话框中输入默认网关的IP地址，单击"添加"按钮，完成后单击"下一页"按钮，如图6-18所示。

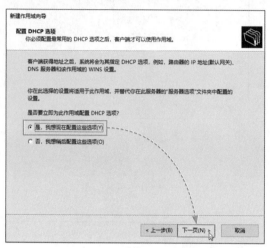

图 6-17

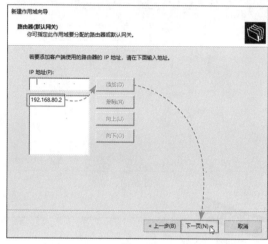

图 6-18

Step 09 在"域名称和DNS服务器"对话框中设置DNS服务器的地址，完成后单击"下一页"按钮，如图6-19所示。

Step 10 在"WINS服务器"对话框中配置WINS服务器的地址，如果没有，单击"下一页"按钮，如图6-20所示。

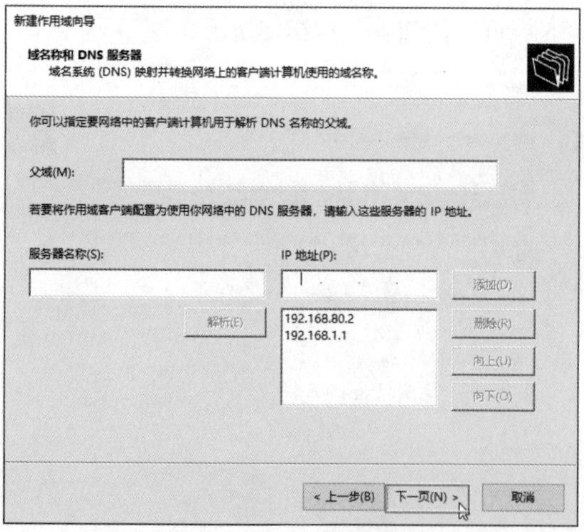

图 6-19

图 6-20

Step 11 在"激活作用域"对话框中提示需要激活作用域，选中"是，我想现在激活此作用域"单选按钮，单击"下一页"按钮，如图6-21所示。完成后，DHCP服务器就可以正常使用了。

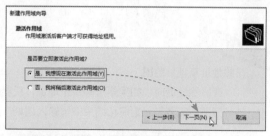

图 6-21

在同局域网的其他设备上，将IP地址获取的方式改为"自动获得DNS服务器地址"，如图6-22所示，通过DHCP服务就可以获取所配置的网络参数，如图6-23所示。

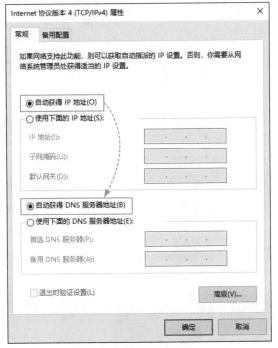

图 6-22   图 6-23

2. DHCP 服务的参数查看与配置

在DHCP服务配置完成后，可以随时查看服务的运行状态或修改服务的配置参数。下面介绍一些常见的查看与设置方法。

（1）查看地址分配状态

展开"作用域"下的"地址池"，可查看当前地址池中的分配状态，如图6-24所示。

图 6-24

在"地址租用"中可以查看IP获取的设备及其名称、租用时间等信息，如图6-25所示。

图 6-25

（2）修改作用域和租约

修改作用域和租约可以重新设置地址池所分配的IP地址的范围，用户可以在"作用域"上右击，在弹出的快捷菜单中选择"属性"选项，如图6-26所示，在弹出的"属性"对话框中设置作用域名称，起始IP地址、结束IP地址以及租约时间，完成后单击"确定"按钮，如图6-27所示。

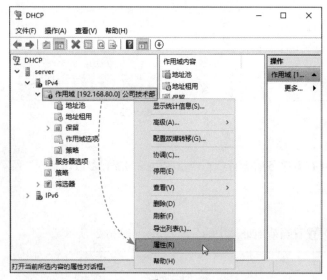

图 6-26　　　　　　　　　　　　　　　图 6-27

（3）修改网关和DNS分配

修改分配的网关地址、DNS地址等，可以在"作用域选项"上右击，在弹出的快捷菜单中选择"配置选项"选项，如图6-28所示。

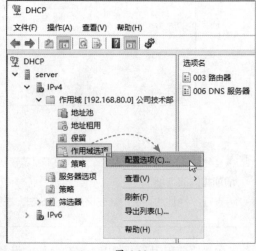

图 6-28

在弹出的"作用域选项"对话框中勾选需要设置的内容，或者选择需要修改的内容即可进行设置，如图6-29所示。

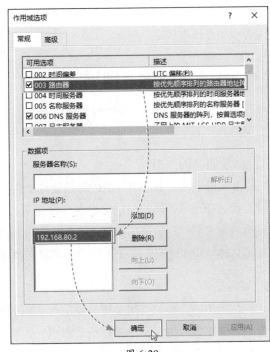

知识拓展

可以分配的内容

在"作用域选项"对话框中，除了可以设置分配路由器、DNS服务器外，还可以分配时间服务器地址、名称服务器地址、日志服务器地址、Cookie服务器地址等。

图 6-29

（4）设置保留IP地址

保留IP地址可以为特定设备分配特定IP，如各种固定的服务器或某些特殊的终端设备。用户可以在"保留"上右击，在弹出的快捷菜单中选择"新建保留"选项，如图6-30所示，输入"保留名称""IP地址"，以及"MAC地址"，单击"添加"按钮，就可以为其分配固定的IP地址，如图6-31所示。

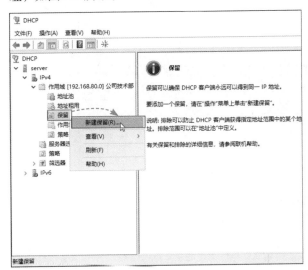

图 6-30

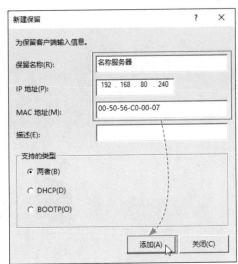

图 6-31

6.2 DNS服务

DNS服务的作用是将域名解析成IP地址，在互联网上被广泛使用。在局域网中也可以搭建DNS服务，为局域网中使用的域名进行解析，前面介绍的域环境就使用了DNS服务。下面介绍如何搭建独立的DNS服务。为了节省篇幅，以下章节会省略采用默认配置的步骤截图，但关键配置步骤会详细展示。

6.2.1 DNS服务概述

DNS（Domain Name Server，域名服务）也叫域名解析服务，用于域名与其相对应的IP地址之间的转换。

1. DNS 服务的作用

互联网中的设备之间的通信都是通过IP地址来确定位置并传输数据的，尤其是网页服务器，需要通过IP地址访问。但记忆各种网页服务器的IP地址的难度非常高，所以使用更方便记忆的域名系统来替代IP地址。但域名无法在互联网上确定通信的主机，所以实际上需要DNS服务器将域名转换为IP地址。这种转换对使用者来说是透明的，只要配置好DNS服务器的IP即可。

2. 域名结构

在DNS中，域名空间采用分层结构，包括根域、顶级域、二级域和主机名称。域名空间类似于一棵倒置的树。其中根是最高级别，大树枝处于下一级别，树叶处于最低级别。一个区域就是DNS域名空间中的一部分，维护着该域名空间的数据库记录。在域名层次结构中，每一层称作一个域，每个域用一个点号"."分开，域又可以进一步分成子域，每个域都有一个域名，最底层是主机。

根域由Internet名字注册授权机构管理，该机构负责把域名空间各部分的管理责任分配给连接到Internet的各组织。通常Internet主机域名的一般结构为"主机名.二级域名.顶级域名"。域名的结构如图6-32所示。

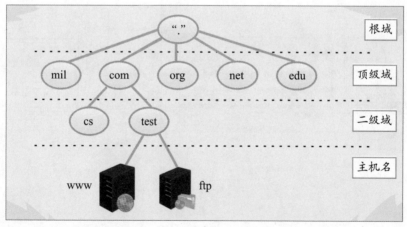

图 6-32

6.2.2 DNS服务的搭建

DNS服务的搭建也可使用"添加角色和功能"，通过向导完成，下面介绍搭建的步骤。

Step 01 单击"管理"下拉按钮，在下拉列表中选择"添加角色和功能"选项，如图6-33所示。

Step 02 保持默认设置，在"选择服务器角色"对话框中勾选"DNS服务器"复选框，如图6-34所示。

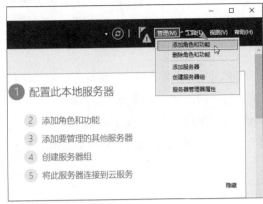

图 6-33

图 6-34

Step 03 接下来查看添加的各种工具，单击"添加功能"按钮，如图6-35所示。

Step 04 在"DNS服务器"对话框中查看注意事项，单击"下一页"按钮，如图6-36所示。

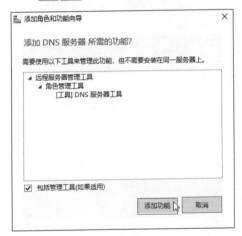

图 6-35

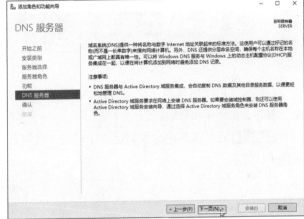

图 6-36

Step 05 启动安装，完成后显示安装成功，单击"关闭"按钮，如图6-37所示。

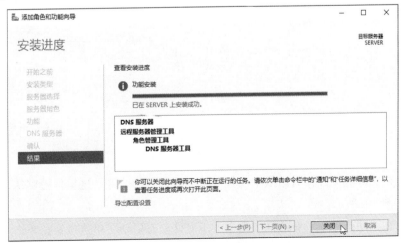

图 6-37

6.2.3　DNS服务的配置

DNS服务搭建完毕后，需要进行基本的配置，如配置正向查询、A记录、反向查询、转发器等。

1. 创建正向查询

所谓正向查询，就是由域名转换为IP地址的各种记录，可以理解为转换的数据库。在活动目录中，因为需要域名的支持，所以会自动生成，如果是独立的DNS服务器，需要手动创建。

Step 01 单击"工具"下拉按钮，在下拉列表中选择"DNS"选项，如图6-38所示。

Step 02 展开服务器列表，在"正向查找区域"上右击，在弹出的快捷菜单中选择"新建区域"选项，如图6-39所示。

图 6-38

图 6-39

Step 03 启动向导后，在"区域类型"对话框中选中"主要区域"单选按钮，单击"下一页"按钮，如图6-40所示。

Step 04 在"区域名称"对话框中设置"区域名称"，也就是域名，单击"下一页"按钮，如图6-41所示。

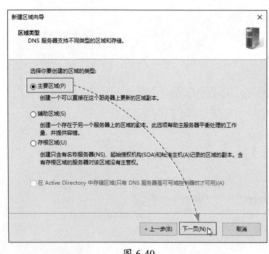

图 6-40

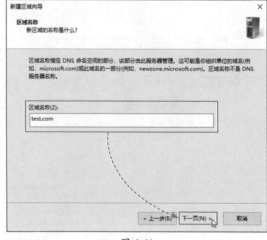

图 6-41

Step 05 在"区域文件"对话框中设置区域文件保存的位置，这里保持默认，单击"下一页"按钮，如图6-42所示。

Step 06 在"动态更新"对话框中选中"不允许动态更新"单选按钮，单击"下一页"按钮，如图6-43所示。这样就完成了正向查找区域的创建。

图 6-42

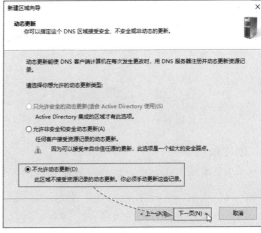

图 6-43

2. 创建 A 记录

所谓A记录，就是主机记录，例如访问"www.baidu.com"，其中的"www"就是主机名称，也就是所谓的A记录。常用的资源记录类型如下。

- **A记录**：此记录列出特定主机名的IP地址，这是名称解析的重要记录。
- **CNAME**：此记录指定标准主机名的别名。
- **MX**：邮件交换器，此记录列出负责接收发到域中的电子邮件的主机。
- **NS**：名称服务器，此记录指定负责给定区域的名称服务器。

通过A记录，DNS服务器可以快速将用户需要访问的主机IP地址返回给客户机，下面介绍A记录的创建步骤。

Step 01 打开DNS管理器，找到创建完成的正向区域，在域名上右击，在弹出的快捷菜单中选择"新建主机（A或AAAA）"选项，如图6-44所示。

Step 02 在弹出的对话框中设置名称，下方会显示其完全限定的域名（Fully Qualified Domain Name，FQDN），设置该FQDN的IP地址，最后单击"添加主机"按钮，如图6-45所示。

图 6-44

图 6-45

系统提示成功创建了A记录，如图6-46所示，在列表中，也可以看到该条目，如图6-47所示，双击即可修改。

图 6-46

图 6-47

3. 创建反向查询

以上由域名查询IP地址的过程属于正向查询，而由IP地址查询域名的过程就是反向查询。反向查询要求对每个域名进行详细搜索，这需要花费很长时间。为解决该问题，DNS标准定义了一个名为in-addr.arpa的特殊域。该域遵循域名空间的层次命名方案，它是基于IP地址，而不是基于域名，其中IP地址8位位组的顺序是反向的，例如，如果客户机要查找192.168.80.88的FQDN客户机，查询域名88.80.168.192.in-addr.arpa的记录即可。下面介绍创建反向查询的操作步骤。

Step 01 在"反向查找区域"上右击，在弹出的快捷菜单中选择"新建区域"选项，如图6-48所示。

Step 02 在配置向导中输入当前的"网络ID"地址段，自动生成反向查询区域，如图6-49所示，单击"下一页"按钮，其他保持默认，完成创建。

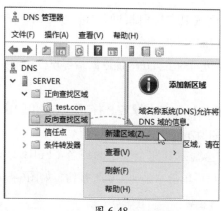

图 6-48

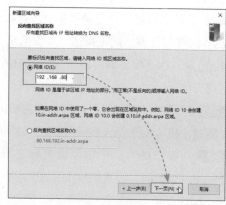

图 6-49

Step 03 在反向查找区域上右击，在弹出的快捷菜单中选择"新建指针"选项，如图6-50所示。

Step 04 在弹出的"新建资源记录"对话框中单击"浏览"按钮，如图6-51所示。

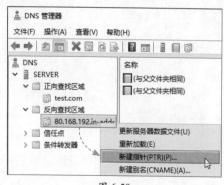

图 6-50

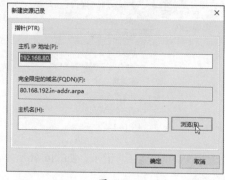

图 6-51

Step 05 找到之前创建的A记录，其他配置参数保持默认，单击"确定"按钮，即可自动创建反向查询，如图6-52所示。反向查询的条目详细信息如图6-53所示。

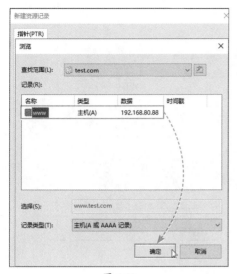

图 6-52

图 6-53

知识拓展

其他创建方法

在创建主机A记录时，勾选图6-45中的"创建相关的指针（PTR）记录"复选框，可以自动在反向区域中创建对应的条目（如果以创建反向查找区域）。

4. 创建转发器

转发器的主要作用是在本域名服务器无法解析域名的情况下，将域名申请转发到设置好的默认DNS服务器上，让其解析。设置步骤如下。

Step 01 在"DNS管理器"中选中服务器名称，在右侧双击"转发器"选项，如图6-54所示。

Step 02 在"转发器"选项卡中单击"编辑"按钮，如图6-55所示。

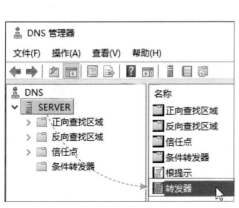

图 6-54

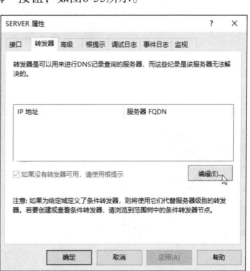

图 6-55

第 6 章 配置DHCP与DNS服务

Step 03 输入转发器的IP地址，单击"确定"按钮，如图6-56所示。

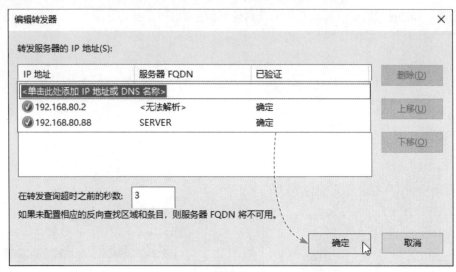

图 6-56

知识拓展

DNS服务测试

通过DHCP分配或者手动设置，将客户机的DNS服务器地址设置为本例的DNS服务器地址，通过"nslookup"命令来查看配置，以及WWW主机解析是否成功，如图6-57所示。如果反向解析配置无误，会用IP解析出域名，如图6-58所示。

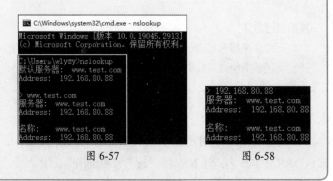

图 6-57   图 6-58

如果没有配置转发器，则无法访问外网，如果配置完毕，可以解析到外网网址的IP，如图6-59所示，也可以通过网页访问查看效果，如图6-60所示。

图 6-59

图 6-60

知识延伸：配置局域网共享

局域网共享使用的是Samba服务，可以方便局域网中其他设备的访问，下面介绍局域网共享的配置方法。

Step 01 进入共享文件夹的"属性"界面，切换到"共享"选项卡，单击"共享"按钮，如图6-61所示。

Step 02 添加用户"Everyone"，并给予"读取/写入"的权限，完成后，单击"共享"按钮，如图6-62所示。

图 6-61

图 6-62

此时可以访问该文件夹，但需要用户名和密码，下面介绍无需密码访问的操作方法。

Step 01 在共享文件夹的"属性"界面中单击"网络和共享中心"链接，如图6-63所示。

Step 02 选中"关闭密码保护共享"单选按钮，并单击"保存更改"按钮，如图6-64所示。

图 6-63

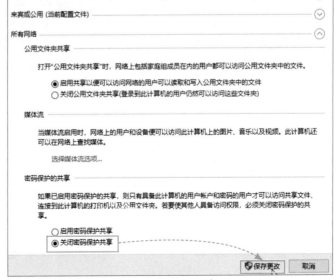

图 6-64

由于NTFS权限的问题，此时可以无密码进入共享文件夹查看界面，但无法访问内部，需要进入到该文件夹的"安全"选项卡，如图6-65所示。单击"编辑"按钮，将"Everyone"组添加其中并赋予相应的权限，如图6-66所示。

图 6-65

图 6-66

这样再访问时就可以了。访问有几种方式，可以通过使用Win+R组合键打开"运行"对话框，输入"\\IP"的方式访问，如图6-67所示，在打开的资源管理器中查看共享文件及文件夹，如图6-68所示。

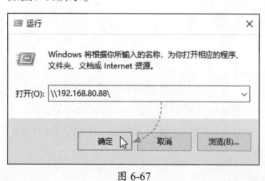

图 6-67

图 6-68

除了这种方法，还可以打开"此电脑"，在资源管理器中输入"\\IP"访问。另外，还可以通过网络驱动器映射的方法，将共享映射成本地的一个盘符，双击即可访问。还可通过"网络"查看局域网的主机，进入后就可以看到所有的共享内容。

第**7**章
配置FTP与Web服务

在因特网中，提供了大量的资源和信息供用户下载和浏览，下载时最常使用的服务就是FTP，而浏览网页使用的是Web服务。在企业的局域网中，也常使用这两种服务发布各种资源和信息。本章将详细介绍这两种服务的原理和搭建过程。

重点难点

- FTP服务的原理及搭建
- Web服务的原理及搭建

7.1 FTP服务

FTP服务可以实现远程上传、下载文件的功能，常与Web服务配合使用。下面介绍FTP服务及其搭建过程。

7.1.1 FTP服务概述

FTP（File Transfer Protocol，文件传输协议）用来在两台计算机之间传输文件，是Internet中应用非常广泛的服务之一。它可根据实际需要设置各用户的使用权限，同时还具有跨平台的特性，即在UNIX、Linux和Windows等操作系统中都可实现FTP客户端和服务器，相互之间可跨平台进行文件传输。因此，FTP服务是网络中经常采用的资源共享方式之一。FTP协议有PORT和PASV两种工作模式，即主动模式和被动模式。

FTP服务是一种基于TCP的协议，采用客户/服务器模式。通过FTP协议，用户可以在FTP服务器中进行文件的上传或下载等操作。虽然现在通过HTTP协议下载的站点很多，但是由于FTP协议可以很好地控制用户数量和宽带的分配，能快速方便地上传、下载文件，因此FTP已成为网络中文件上传和下载的首选。FTP也是一个应用程序，用户可以通过它把自己的计算机与世界各地运行FTP协议的服务器相连，访问服务器上的大量程序和信息。FTP服务的功能是实现完整文件的异地传输，特点如下。

- **FTP使用两个平行连接**：控制连接和数据连接。控制连接在两台主机间传送控制命令，如用户身份、口令、改变日录命令等。数据连接只用于传送数据。
- 在一个会话期间，FTP服务器必须维持用户状态，也就是说，和某一个用户的控制连接不能断开。另外，当用户在目录树中活动时，服务器必须追踪用户的当前目录，这样，FTP就限制了并发用户数量。
- FTP支持文件沿任意方向传输。当用户与某远程计算机建立连接，用户可以获得一个远程文件，也可以将一本地文件传输至远程机器。

7.1.2 FTP服务的搭建

FTP服务包含在Web服务中，所以要安装FTP服务，就要同时安装Web服务。关于Web服务的搭建知识将在下一节介绍。

Step 01 在"服务器管理器"中单击"添加角色和功能"链接，如图7-1所示。

图 7-1

Step 02 在"选择服务器角色"对话框中勾选"Web服务器（IIS）"复选框，如图7-2所示。

图 7-2

Step 03 确认添加该功能后，进入"选择角色服务"对话框，勾选"FTP服务器"及其下的"FTP服务"和"FTP扩展"复选框，单击"下一页"按钮，如图7-3所示。

Step 04 其他保持默认，安装完毕后显示成功提示，如图7-4所示。

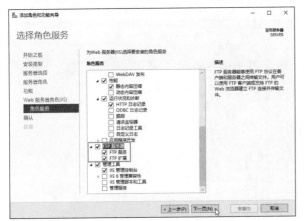

图 7-3

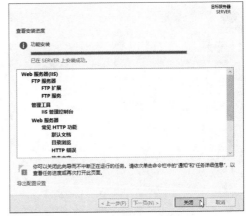

图 7-4

7.1.3　FTP服务的配置

FTP服务在安装完毕后无法立即使用，需要对服务的参数进行手动配置，FTP和Web服务使用同一个管理器，下面介绍配置过程。

Step 01 在"服务器管理器"界面单击"工具"下拉按钮，在下拉列表中选择"Internet Information Services（IIS）管理器"选项，如图7-5所示。

图 7-5

Step 02 在管理器中展开服务器项目，在"网站"上右击，在弹出的快捷菜单中选择"添加FTP站点"选项，如图7-6所示。

图 7-6

Step 03 设置FTP站点名称及主目录，完成后单击"下一步"按钮，如图7-7所示。

Step 04 设置绑定的"IP地址"，"端口"号保持默认，选中"无SSL"单选按钮，单击"下一步"按钮，如图7-8所示。

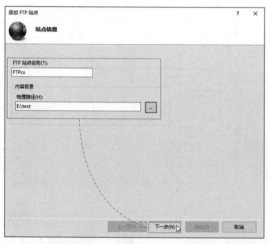

图 7-7

图 7-8

Step 05 选择"身份验证"的方式，勾选"匿名"和"基本"复选框，允许"所有用户"访问，授予"读取"和"写入"的权限，单击"完成"按钮，如图7-9所示。完成后，可以在"网站"中查看该FTP站点，如图7-10所示。

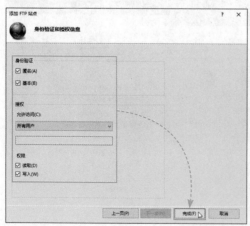

图 7-9

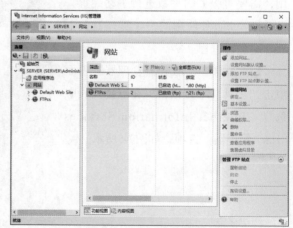

图 7-10

Windows Server服务器配置与管理标准教程（实战微课版）

7.1.4　FTP服务的访问

　　FTP服务的访问方法有很多，例如在网页中输入"ftp://服务器IP"即可访问，如图7-11所示。在资源管理器中，也可以使用"ftp://服务器IP"访问FTP服务器上的资源，如图7-12所示。

图 7-11

图 7-12

　　在命令提示符界面可以使用命令访问，如图7-13所示。还可以使用第三方工具，如图7-14所示。

图 7-13

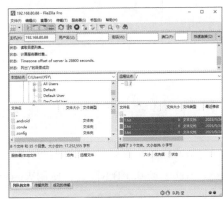

图 7-14

7.1.5　FTP服务的高级设置

　　FTP服务可以在使用时修改参数以适应用户的需求。选中FTP站点后，会在中部出现各种功能按钮，如图7-15所示。

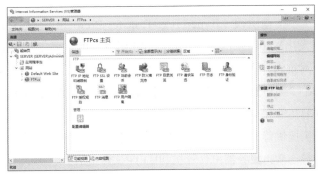

图 7-15

在右侧单击"基本设置"按钮后，可以修改FTP站点主目录，如图7-16所示。在"FTP目录浏览"中，可以设置目录的浏览方式，如图7-17所示。

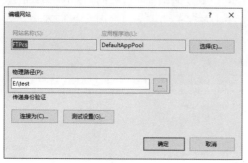

图 7-16

图 7-17

在"FTP身份验证"中，可以设置验证的方式，如是否允许匿名登录，如图7-18所示。

图 7-18

7.2 Web服务

Web服务也就是常说的网页服务，主要为客户机提供网页浏览服务，也是因特网的核心服务。Web服务基于B/S模式，使用Windows Server 2019可以快速方便地搭建Web服务。下面介绍Web服务的知识和搭建技巧。

7.2.1 Web服务概述

Web服务也称为WWW（World Wide Web，万维网）服务，主要功能是为互联网上的网络设备提供网上信息浏览服务，也是发展最快和目前用的最广泛的服务。正是因为有了Web服务，才使得因特网迅速发展，且用户数量飞速增长。

Web服务使用超文本传输协议（Hyper Text Transfer Protocol，HTTP）和其他协议共同协作，响应通过万维网发出Web请求的网络设备。Web服务器的主要工作是通过存储、处理和向用户交付网页来显示网站内容。除了HTTP，Web服务器还支持简单邮件传输协议（Simple Mail Transfer Protocol，SMTP）和上一节介绍的文件传输协议（File Transfer Protocol，FTP），分别用于电子邮件及文件的传输和存储。

Web服务器可用于提供静态或动态网页内容。静态内容是指按原样显示的内容，而动态内容可以更新和更改。静态Web服务器由计算机和HTTP软件组成。它被认为是静态的，因为服务器将按原样将托管文件发送到浏览器。

动态Web浏览器由Web服务器和其他软件（如应用程序服务器和数据库）组成。它被认为是动态的，因为应用程序服务器可用于在将任何托管文件发送到浏览器之前更新这些文件。当从数据库中请求内容时，Web服务器可以生成内容。虽然这个过程更灵活，但也更复杂。

在搭建Web服务方面，最常见的就是微软公司的互联网信息服务（Internet Information Services，IIS）功能。IIS允许在Internet上发布信息，是目前最流行的Web服务产品之一，很多著名的网站建立在该平台上。IIS提供一个图形界面的管理工具，称为Internet管理器，可用于监视配置和控制Internet服务。

IIS是一种Web服务组件，其中包括Web服务、FTP服务、NNTP（Network News Transfer Protocol，网络新闻传输协议）服务和SMTP服务，分别用于网页浏览、文件传输、新闻服务和邮件发送等，使得在网络（包括互联网和局域网）上发布信息成了一件很容易的事。IIS提供ISAPI（Intranet Server API）作为扩展Web服务器功能的编程接口；同时还提供一个Internet数据库连接器，可以实现对数据库的查询和更新。

知识拓展

其他网页服务程序

除了IIS，使用比较广的还有Apache和Nginx。Apache HTTP Server（简称Apache）是Apache软件基金会的一个开放源码的网页，它是一个模块化的服务器，可以运行在几乎所有广泛使用的计算机平台上。Nginx是一款十分轻量级的HTTP服务器，抗并发，处理静态文件好。

▍7.2.2　Web服务的搭建

7.1节搭建FTP服务时，实际上已经完成了Web服务的搭建，如图7-19和图7-20所示，因为FTP服务就包含在Web服务中。

图 7-19

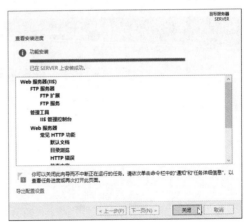

图 7-20

在IIS中的功能非常多，默认选中的都是基础功能，在后期如果需要其他功能，还可以在"选择服务器角色"中再选中需要添加的选项，如图7-21所示。完成安装后，配合6.2节介绍的DNS服务器，就可以通过域名访问默认站点的网页内容，如图7-22所示。

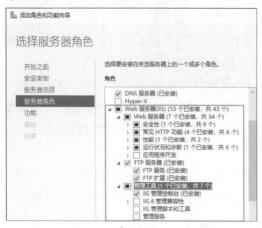

图 7-21

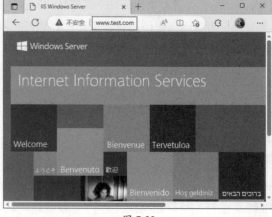

图 7-22

7.2.3 Web服务的配置

Web服务创建完毕后，只能访问默认的站点信息，用户可以手动配置自己的网站站点。下面介绍配置的步骤。

1. 关闭默认站点

默认情况下，Web服务器使用80端口监听网页服务的访问，所以同一时刻只能有一个站点使用80端口。如果用户创建新的站点，需要将原站点关闭。

`Step 01` 启动"服务器管理器"，在"工具"下拉列表中找到并选择"Internet Information Services（IIS）管理器"选项，如图7-23所示。

`Step 02` 展开左侧服务器下的"网站"，在"Default Web Site"上右击，在"管理网站"级联菜单中选择"停止"选项，如图7-24所示。

图 7-23

图 7-24

2. 新建站点

一个站点相当于一个独立的网站，可以通过IIS控制多个站点。关闭默认站点后，就可以手动创建新的站点。

`Step 01` 在"网站"上右击，在弹出的快捷菜单中选择"添加网站"选项，如图7-25所示。

Step 02 设置"网站名称",单击■按钮,如图7-26所示。

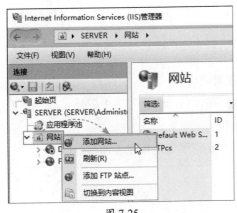

图 7-25

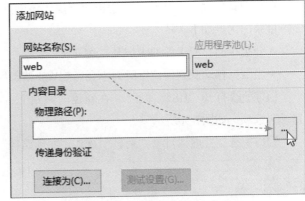

图 7-26

Step 03 找到放置网站文件的文件夹,选中后单击"确定"按钮,如图7-27所示。

Step 04 其他保持默认即可,单击"确定"按钮,如图7-28所示。

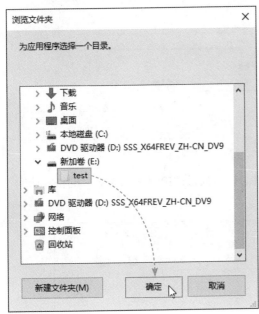

图 7-27

图 7-28

进入刚设置的网页主目录中,创建一个txt文档,输入内容"my web site-1",保存后将文档重命名为"index.html",如图7-29所示,完成后其他设备通过浏览器访问IP地址或域名,都可以看到该内容。

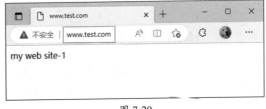

图 7-29

3. 虚拟目录设置

正常情况下,可以在网站的主目录中存在多个文件夹,通过"http://IP地址(或域名)/虚拟目录名/"来访问虚拟目录中的网页文件。通过这种方法,可以对网站中的文件、图片、视频、网页内容等进行分类,方便阅读、查找以及管理。当然,虚拟目录不仅仅局限在网站主目录中，还可以在同一台计算机的其他目录、其他分区、其他硬盘中，甚至是局域网其他计算机中。在用户访问时，上述目录从逻辑上归属于该网站，这些目录或者文件夹统称为虚拟目录。虚拟目录的优点如下。

- 分类存储，便于后期维护及二次开发。
- 当数据移动到其他位置时，不会影响Web站点的逻辑结构。

Step 01 打开"IIS管理器"，在新建的网站上右击，在弹出的快捷菜单中选择"添加虚拟目录"选项，如图7-30所示。

Step 02 设置虚拟目录"别名"及其"物理路径"，单击"确定"按钮，如图7-31所示。

图 7-30

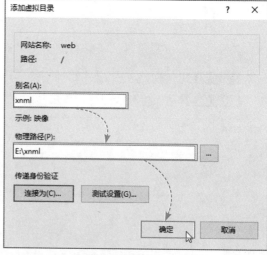

图 7-31

在该文件夹中创建一个内容不为空的HTML文件，即可通过"IP/虚拟目录名"的格式访问，如图7-32所示。

图 7-32

7.2.4　虚拟主机的配置

　　虚拟主机的作用是在一台服务器上运行多个网站，这些网站都叫虚拟主机。实现虚拟主机可以通过以下三种方式。

- **使用不同的IP地址**：Web服务器监控不同的网卡，根据访问的IP地址的不同，分别返回不同的网站主页。
- **使用相同的IP地址，不同的端口号**：只有一块网卡，那么可以通过访问不同的端口号来返回不同的网站主页。如收到80端口的请求，返回A网站的主页；收到8080端口的请求，返回B网站的主页。

● **使用相同的IP地址，相同的端口号，不同的主机名**：通过不同的主机名监控，如"www.test.com"和"ftp.test.com"来返回不同的网站主页面内容。

1.使用不同的 IP 访问

一般服务器会配备两块以上的网卡，服务器通过监控访问时，数据包的目标IP地址返回不同的网页。也可以为单网卡绑定多IP地址，如图7-33和图7-34所示。

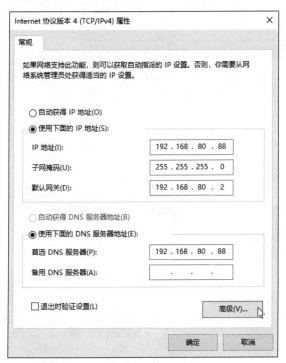

图 7-33

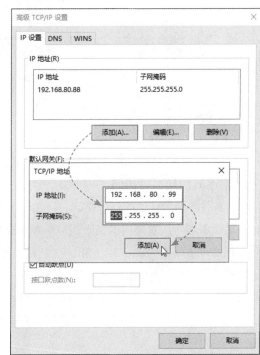

图 7-34

Step 01 在web上右击，在弹出的快捷菜单中选择"编辑绑定"选项，如图7-35所示。

Step 02 弹出"编辑网站绑定"对话框，单击"IP地址"下拉按钮，在下拉列表中选择监听的IP地址，如图7-36所示。

图 7-35

图 7-36

确定并返回，以后该网站只能通过192.168.80.88访问。再创建一个新的网站站点"web1"，将监控的IP地址设置为192.168.80.99。为其创建一个用于测试的网页后，通过不同的IP访问后，返回不同的结果，如图7-37所示。

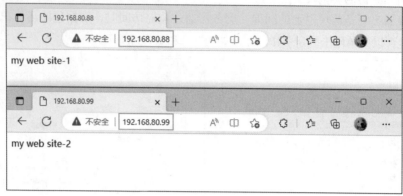

图 7-37

2. 使用不同的端口号访问

Web服务器默认的端口号是80，使用"ip地址：端口号"的格式访问。可以在使用同一个IP地址的服务器中配置不同的监听端口号来创建多个网站。

保持web默认的端口号为80，在新建的用于对比的web1站点的"编辑网站绑定"对话框中，将侦听的IP设置为同web一致，但端口号设置为"8080"，单击"确定"按钮，如图7-38所示。客户端再访问时，可以看到两者的区别，如图7-39所示。

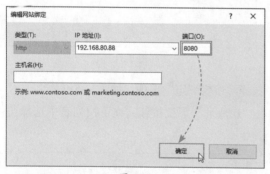

图 7-38

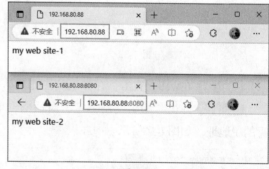

图 7-39

知识拓展

默认访问

正常访问可以在IP地址或域名后带有端口号，如果是默认的80端口，也可以不带，直接输入IP地址或域名访问即可。

3. 使用不同的主机名访问

主机名就是域名，如果某个服务器可以通过多个域名解析获得，就可以通过不同的主机名来访问同一个服务器的不同站点。在配置站点前，需要先到DNS管理器中创建另一个主机记录（A记录），如图7-40所示，并保证客户机可以正常地将两个域名解析到目标服务器，如图7-41所示。

图 7-40

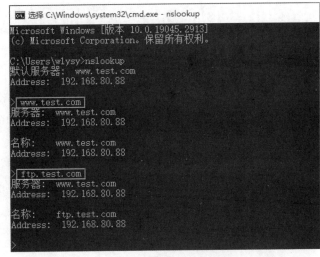

图 7-41

回到"IIS管理器"中，进入"编辑网站绑定"对话框，为web配置主机名，如图7-42所示，为web1配置主机名，并将监听的"端口"改为"80"，单击"确定"按钮，如图7-43所示。

图 7-42

图 7-43

配置完毕后，通过两个域名访问，结果如图7-44所示。

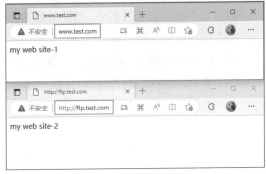

图 7-44

监控地址和域名

如果监控的地址是"全部未分配"，且没有配置主机名，则所有该服务器的IP都能访问该网页。如果配置了监控的IP，则只有通过该IP进行的请求才能访问网页。如果同时配置了主机名，则能通过主机名访问，此时的监控IP起到的是隔离访问的作用，只有通过监控IP，并使用主机名访问才能访问网页。

知识延伸：认识CDN服务器

其实在访问某些网页时，所访问的不全是主服务器，会有CDN。CDN的全称是Content Delivery Network，即内容分发网络。CDN是构建在现有网络基础上的智能虚拟网络，依靠部署在各地的边缘服务器，通过中心平台的负载均衡、内容分发、调度等功能模块，使用户就近获取所需内容，降低网络拥塞，提高用户访问响应速度和命中率。CDN的关键技术主要有内容存储和分发技术。

也就是说，用户不是直接访问网站，而是通过网络技术手段，访问网络分配的最优的缓存服务器。整个访问过程如图7-45所示。CDN是一套完整的方案，目的是让用户更加快速地访问网站的各种资源。现在大部分门户网站应用的都是这种技术。CDN的整个解析过程如下。

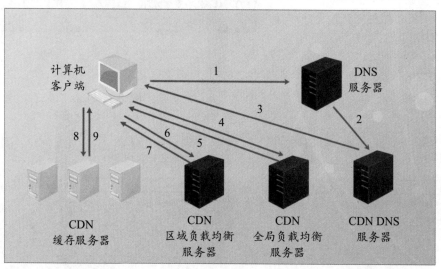

图 7-45

（1）客户端在访问网页时，首先会通过DNS服务器进行域名解析。

（2）DNS通过查询，将访问请求交给CDN DNS服务器进行解析。

（3）CDN DNS服务器通过查询，将域名解析的全局负载均衡服务器的IP地址交给客户端。

（4）客户端访问该域名对应的CDN全局负载均衡服务器，提出访问请求。

（5）根据规则，CDN全局负载均衡服务器选出服务于该区域的CDN区域负载均衡服务器，将IP地址返回给客户端。

（6）客户端访问该区域的负载均衡服务器。

（7）服务器根据用户访问请求和各CDN缓存服务器的状态，将最适合的CDN缓存服务器的IP地址发送给客户端。

（8）客户端访问最合适的CDN缓存服务器。

（9）缓存服务器根据客户端的请求，将内容返回给客户端。

第8章
配置其他常见的网络服务

除了DHCP、DNS、FTP、Web服务外，在局域网中，还会使用一些高级服务，如为了保证安全而使用的证书服务，为多客户端连接外网而使用的NAT网络地址转换服务，为了在不安全的链路上创建安全链路而使用的VPN服务等，在网络结构和配置方面更加复杂。本章将介绍这些服务的搭建及配置过程。

重点难点

- PKI与证书服务
- NAT与VPN服务的搭建

8.1 PKI与证书服务的搭建

互联网中的数据传输，除了要保障能够正确到达目标主机外，还要保证传输时的安全性，数据内容不能被随意获取或修改，这就需要使用PKI与证书服务。下面介绍PKI与证书服务的搭建。

8.1.1 PKI与安全基础

PKI（Public Key Infrastructure，公开密钥基础设施）是20世纪80年代在公开密钥理论和技术的基础上发展起来的为电子商务提供综合、安全基础平台的技术和规范。它的核心是对信任关系的管理。通过第三方信任，为所有网络应用透明地提供加密和数字签名等密码服务所必需的密钥和证书管理，从而达到保证网上传递数据的安全、真实、完整和不可抵赖的目的。PKI的基础技术包括加密、数字签名、数据完整性机制和双重数字签名等。

1. PKI的组成

完整的PKI系统必须具有权威认证机构（Certificate Authority，CA）、数字证书库、密钥备份及恢复系统、证书作废系统、应用程序接口（API）等基本构成部分。

（1）认证机构：即数字证书的申请及签发机构，是PKI的核心，负责管理PKI中所有用户数字证书的生成、分发、验证以及撤销等。认证机构必须具备权威性的特征。

（2）数字证书库：用于存储已签发的数字证书和公钥，用户可由此获得所需的其他用户的证书和公钥，主要用来进行用户的身份验证。

（3）密钥备份及恢复系统：如果用户丢失了用于解密数据的密钥，则数据将无法被解密，这将造成合法数据丢失。为避免这种情况，PKI提供备份与恢复密钥的机制。但要注意，密钥的备份与恢复必须由可信的机构完成，并且密钥备份与恢复只能针对解密密钥，为确保唯一性签名私钥不能备份。

（4）证书作废系统：与日常生活中的各种身份证件一样，有效期内证书也可能需要作废，例如密钥介质丢失或用户身份变更等，因此PKI必须提供作废证书的一系列机制。

（5）应用程序接口（API）：PKI的价值在于使用户能够方便地使用加密、数字签名等安全服务，因此，一个完整的PKI必须提供良好的应用接口系统，使各种各样的应用能够以安全、一致、可信的方式与PKI交互，确保安全网络环境的完整性和易用性。

2. 加密技术

加密技术主要涉及两个元素：算法和密钥。密钥是一组字符串，是加密和解密的最主要的参数，由通信的一方通过一定的标准计算得出。而算法是将正常的数据（明文）与字符串进行组合，按照算法公式进行计算，从而得到新的数据（密文）。如果没有密钥和算法，则这些数据没有任何意义，从而起到保护数据的作用。

3. 对称与非对称加密

加密算法有很多种，根据密钥的使用进行分类，可以分为对称和非对称加密。

（1）对称加密

对称加密也叫私钥加密算法，就是数据传输双方均使用同一个密钥，双方的密钥都必须处于保密状态，对称加密算法使用简单快捷，密钥较短，破译困难。但对称加密对私钥的管理和分发十分困难和复杂，而且所需的开销很大，从而决定了私钥算法的使用范围较小，而且私钥加密算法不支持数字签名。另外，在传递过程中，如果没有有效保护，私钥容易被截获及破解出来。

（2）非对称加密

与对称加密不同，非对称加密需要两个密钥：公开密钥和私有密钥。公开密钥与私有密钥是一对，如果用公开密钥对数据进行加密，只有用对应的私有密钥才能解密；如果用私有密钥对数据进行加密，那么只有用对应的公开密钥才能解密。因为加密和解密使用的是两个不同的密钥，所以这种算法又叫非对称加密算法。非对称算法密钥少，便于管理，分配简单，截获无意义，但效率非常低，不适合为大量的数据进行加密。

4. 数字签名技术

数字签名和数据完整性校验在技术程度上可以确保发送方的真实性和数据的完整性。但是请求方如何确保其收到的公钥一定是由发送方发出的，而且没有被篡改呢？

这时就需要有一个权威的、值得信赖的第三方机构（一般是由政府审核并授权的机构）统一对外发放主机机构的公钥，可避免上述问题的发生。这种机构被称为权威认证机构，它们所发放的包含主机机构名称、公钥在内的文件就是"数字证书"。

5. HTTPS 与 SSL

HTTP是超文本传输协议，传输的数据是明文，非常不安全。HTTPS是加密的超文本传输协议，使用HTTP协议与SSL协议构建可加密的传输、身份认证的网络协议。

SSL协议在握手阶段使用的是非对称加密，在传输阶段使用的是对称加密。在握手过程中，网站会向浏览器发送SSL证书，SSL证书和身份证类似，是一个支持HTTPS网站的身份证明，SSL证书包含网站域名、证书有效期、证书的颁发机构，以及用于加密传输密码的公钥等信息。SSL协议主要确保以下安全问题。

- 认证用户和服务器，确保数据发送到正确的客户机和服务器。
- 加密数据以防止数据中途被窃取。
- 维护数据的完整性，确保数据在传输过程中不被改变。

知识拓展

HTTPS的缺点

HTTPS的主要缺点是性能问题。造成HTTPS性能低于HTTP的原因有两个：一个是对数据进行加密解密，造成了比HTTP慢；另一个原因是HTTPS禁用缓存。

8.1.2　证书服务的搭建

在Windows Server 2019中，可以方便地搭建证书服务。

Step 01 在"服务器管理器"中单击"添加角色和功能"向导链接，如图8-1所示。

Step 02 在"选择服务器角色"界面勾选"Active Directory证书服务"复选框，如图8-2所示。

图 8-1

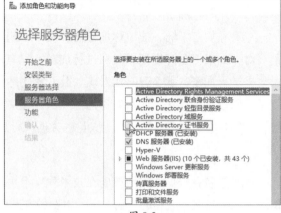

图 8-2

Step 03 查看需要安装的功能，单击"添加功能"按钮，如图8-3所示。

Step 04 在"角色服务"对话框中勾选所需证书相关的服务，完成后单击"下一页"按钮，如图8-4所示。配置完毕后启动安装即可。

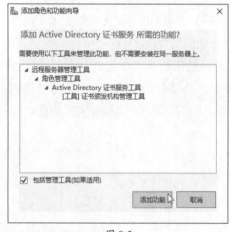

图 8-3

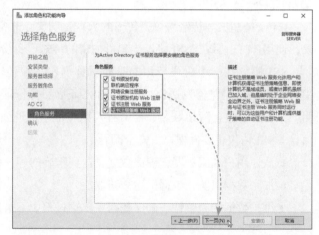

图 8-4

8.1.3　证书服务的配置

证书服务在安装完毕后，需要先进行初始化操作才能使用。下面介绍证书服务的基本配置流程。

Step 01 在"服务器管理器"界面单击 按钮，在弹出的列表中单击"配置目标服务器上的Active Directory证书服务"链接，如图8-5所示。

Step 02 在"AD CS配置"对话框中设置凭据的保存路径，这里保持默认，单击"下一页"

按钮，如图8-6所示。

图 8-5

图 8-6

Step 03 勾选"证书颁发机构"和"证书颁发机构Web注册"复选框，单击"下一页"按钮，如图8-7所示。下方两项需要先完成CA配置后才能勾选，否则会报错。

Step 04 企业CA需要域环境的支持，这里选中默认的"独立CA"单选按钮，单击"下一页"按钮，如图8-8所示。

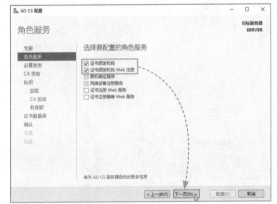
图 8-7

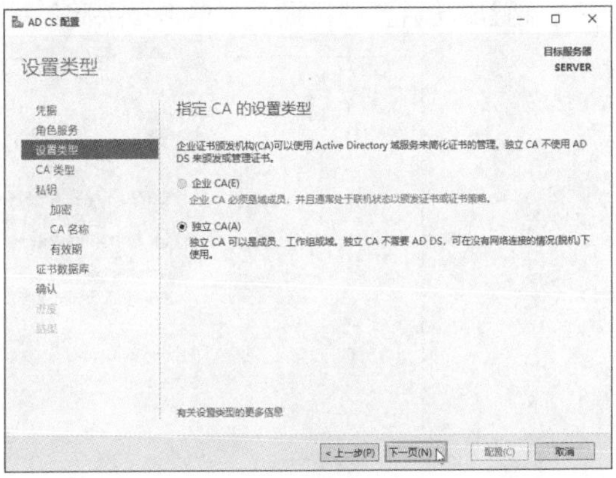

图 8-8

Step 05 指定"CA类型"为"根CA"，单击"下一页"按钮，如图8-9所示。

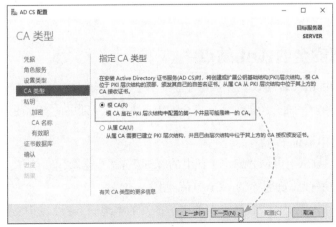
图 8-9

Step 06 接下来创建新的私钥，设置加密算法，设置CA的公用名称、后缀，设置证书有效期，证书和日志放置的位置保持默认即可。完成信息配置后会显示完整的设置内容，单击"配置"按钮，如图8-10所示。

图 8-10

配置成功后会进行提示，单击"关闭"按钮完成初始化操作，如图8-11所示。

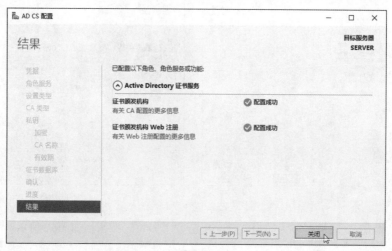

图 8-11

8.1.4 配置安全的Web站点

8.1.1节介绍了由于HTTP协议在保密性方面的不足，逐渐被HTTPS协议所替代，HTTPS协议必须要使用证书服务。下面介绍如何搭建安全的Web站点以及证书的实际使用。

1. 为 Web 服务器申请证书

用户信任CA，从CA上申请并绑定了证书的Web服务器也会被用户信任，这也是创建安全的Web站点的第一步——为Web服务器向CA申请证书。

Step 01 启动"IIS管理器"，选择需要申请证书的本地服务器，在IIS选项组中双击"服务器证书"图标，如图8-12所示。

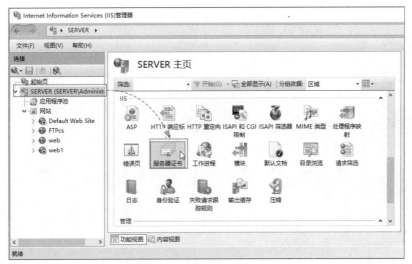

图 8-12

Step 02 在此处可以查看证书，单击右侧的"创建证书申请"链接，如图8-13所示。

图 8-13

Step 03 按提示输入证书信息，单击"下一步"按钮，如图8-14所示。其中"通用名称"要与申请证书的网站主机名一致，否则后面可能会报错。

Step 04 设置网站的"加密服务提供程序"和"位长"，单击"下一步"按钮，如图8-15所示。

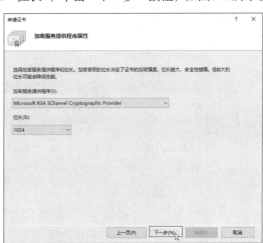

图 8-14   图 8-15

Step 05 设置证书名称及存放位置，单击"完成"按钮，如图8-16所示。

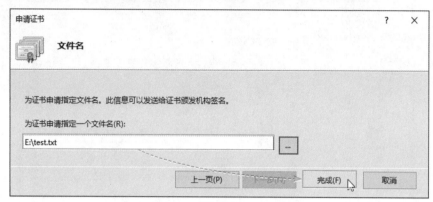

图 8-16

Step 06 在左侧找到默认站点"Default Web Site"，如果默认站点是禁用状态，请将其打开。然后打开Web服务器上的浏览器，输入"ip/certsrv"，会弹出CA服务器在线申请页面，单击"申请证书"链接，如图8-17所示。

Step 07 单击"高级证书申请"链接，如图8-18所示。

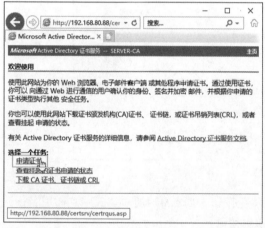

图 8-17

图 8-18

Step 08 单击窗口中的第二个链接，如图8-19所示。

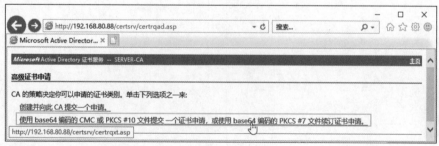

图 8-19

Step 09 打开之前创建的证书文件"test.txt"，将内容全部复制到"保存的申请"下的文本框中，单击"提交"按钮，如图8-20所示。

Step 10 此时会显示证书被挂起，如图8-21所示。

图 8-20　　　　　　　　　　　　　　　　　　　　图 8-21

Step 11 在"服务器管理器"中单击"工具"下拉按钮，在下拉列表中选择"证书颁发机构"选项，如图8-22所示。

Step 12 从CA的"挂起的申请"中找到刚才的申请，右击，在弹出的快捷菜单中选择"所有任务"|"颁发"选项，如图8-23所示。

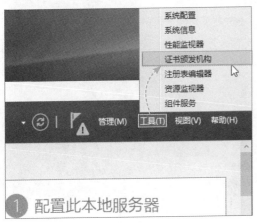

图 8-22

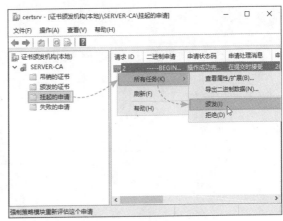

图 8-23

Step 13 再用Web服务器上的浏览器打开证书服务页面，单击"查看挂起的证书申请的状态"链接，如图8-24所示。

图 8-24

Step 14 单击"保存的申请证书"链接，如图8-25所示。

图 8-25

Step 15 单击"下载证书"链接，如图8-26所示。

Step 16 将证书保存到分区中，返回"IIS管理器"，单击"完成证书申请"链接，如图8-27所示。

图 8-26

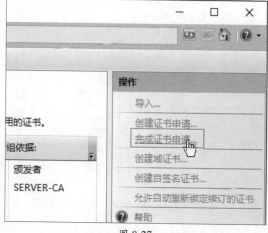

图 8-27

Step 17 找到下载完成的证书，输入名称，单击"确定"按钮，如图8-28所示。到此证书的申请过程就完成了。

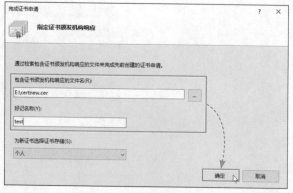

图 8-28

2. 创建安全的 Web 站点

Web服务器申请到证书后，需要开启HTTP的SSL连接，这样才能使用HTTPS的安全连接。具体操作步骤如下。

Step 01 进入"IIS管理器"，选中某站点，进入"网站绑定"对话框中，单击"添加"按钮，如图8-29所示。

Step 02 新建一个网站绑定，"类型"为"https"，"端口"为"443"，填写"主机名"，最后选择Web服务器的证书，单击"确定"按钮，如图8-30所示。

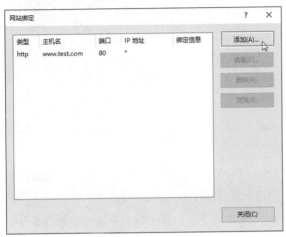

图 8-29

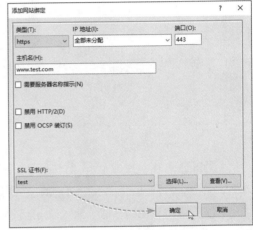

图 8-30

3. 为客户端申请安装证书

Web服务器可以通过CA验证，但客户端现在无法验证身份，所以会弹出警告提示。下面介绍为客户端申请安装证书的步骤，在申请安装前，先要设置Web服务器必须使用SSL。

Step 01 在Web服务器上启动"IIS管理器"，选中站点，双击"SSL设置"图标，如图8-31所示。

Step 02 勾选"要求SSL"复选框，选中"必需"单选按钮，单击"应用"按钮，如图8-32所示。

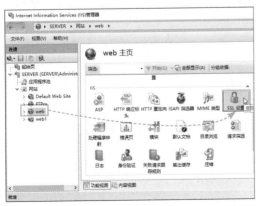

图 8-31

图 8-32

Step 03 为客户端申请并安装证书，只能使用IE浏览器，且需要做一些配置。首先进入IE浏览器的"Internet属性"界面，切换到"安全"选项卡，单击"可信站点"按钮，再单击"站点"按钮，如图8-33所示，将"证书申请地址"添加到可信站点中，并取消勾选"对该区域中的所有站点要求服务器验证"复选框，如图8-34所示。

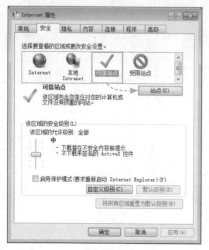

图 8-33

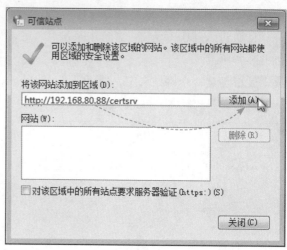

图 8-34

Step 04 在图8-33中单击"自定义级别"按钮，在列表中选中"对未标记为可安全执行脚本的ActiveX控件初始化并执行"下的"启用"单选按钮，如图8-35所示。

Step 05 打开IE浏览器，输入"ip地址/certsrv"来申请证书，在主页中单击"申请证书"链接，如图8-36所示。

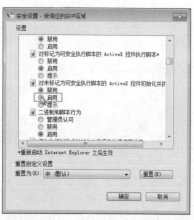

图 8-35

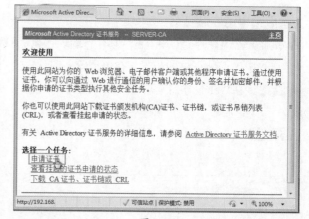

图 8-36

Step 06 单击"Web浏览器证书"链接，如图8-37所示。在提示对话框中单击"是"按钮，如图8-38所示。

图 8-37

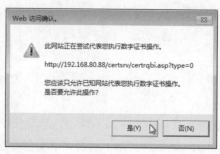

图 8-38

Step 07 输入申请信息，单击"提交"按钮，如图8-39所示。接着会提示证书被挂起，如图8-40所示。

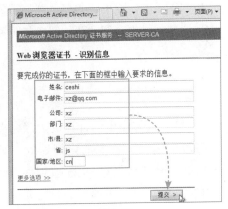

图 8-39

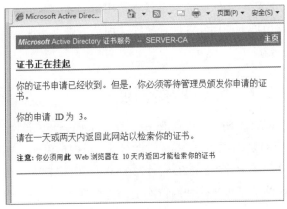

图 8-40

Step 08 按照前面的方法进入CA，颁发已挂起的证书，如图8-41所示。

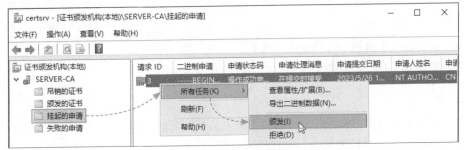

图 8-41

Step 09 在客户端再次进入证书服务中，查看挂起的证书状态，选择证书，如图8-42所示，单击"安装此证书"按钮即可安装，如图8-43所示。

图 8-42

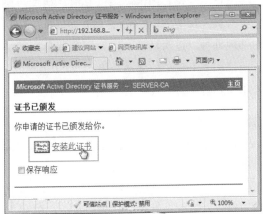

图 8-43

CA不受信任

如果提示CA不受信任，请先安装CA证书。

NAT与VPN服务也是日常使用量较多的网络服务，在IPv4不足的情况下，共享上网都需要在路由器上使用NAT地址转换，而VPN可以实现安全的数据通信。下面介绍这两种服务与服务的搭建。

8.2.1　NAT服务概述

NAT（Network Address Translation）是指网络地址转换。局域网中的计算机按照标准分配的是内网的（私有）IP地址，这样内网的主机之间可以通信。常见的内网地址，如10.0.0.0～10.255.255.255、172.16.0.0～172.31.255.255、192.168.0.0～192.168.255.255。但如果内部网络的某主机想和因特网上的主机通信，必须使用正常的外网（公有）IP地址，这时就可使用NAT服务。

这种方法需要在专用网（内网IP）连接到因特网（外网IP）的路由器上安装NAT软件。装有NAT软件的路由器叫作NAT路由器，它至少有一个有效的外部全球IP地址（外网IP地址）。这样所有使用本地地址（内网IP）的主机在和外界通信时，都要在NAT路由器上将其本地地址转换成正常的IP地址，才能和因特网连接及通信。

NAT的实现方式有三种：静态转换、动态转换和端口多路复用。

1. 静态转换

静态转换是指将内部网络的私有IP地址转换为公有IP地址，IP地址是一对一的，是一成不变的，某个私有IP地址只转换为某个公有IP地址。借助于静态转换，可以实现外部网络对内部网络中某些特定设备（如服务器）的访问。

2. 动态转换

动态转换是指将内部网络的私有IP地址转换为公有IP地址时，IP地址是不确定的，是随机的，所有被授权访问Internet的私有IP地址可随机转换为任何指定的合法IP地址。即只要指定哪些内部地址可以进行转换，以及用哪些合法地址作为外部地址，就可以进行动态转换。动态转换可以使用多个合法外部地址集。当ISP提供的合法IP地址略少于网络内部的计算机数量时，可以采用动态转换的方式。

3. 端口多路复用

端口多路复用（Port Address Translation，PAT）是指改变外出数据包的源端口并进行端口转换，即端口地址转换。采用端口多路复用方式，内部网络的所有主机均可共享一个合法外部IP地址，实现对Internet的访问，从而可以最大限度地节约IP地址资源。同时又可隐藏网络内部的所有主机，有效避免来自Internet的攻击。因此，网络中应用最多的就是端口多路复用方式。

8.2.2　NAT服务的搭建

由于NAT服务在远程访问服务中，所以NAT服务的搭建要安装远程访问服务。

Step 01 在"服务器管理器"中启动"选择服务器"对话框，在"角色"列表中勾选"远程访问"复选框，如图8-44所示。

Step 02 前进到"选择角色服务"对话框，勾选"DirectAccess和VPN（RAS）"和"路由"复选框，单击"下一页"按钮，如图8-45所示。

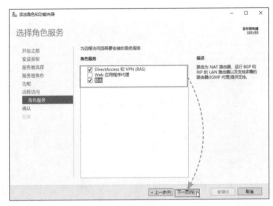

图 8-44

图 8-45

其他保持默认，启动安装即可，完毕会后弹出安装成功提示，如图8-46所示。

图 8-46

8.2.3 NAT服务的配置

在安装好NAT服务后，就可以配置NAT参数，并启动该服务。下面介绍NAT服务的配置过程。

Step 01 在"开始"菜单的"Windows管理工具"下拉列表中，找到并单击"路由和远程访问"按钮，如图8-47所示。

Step 02 默认服务器的状态是"停止且未配置"。在服务器上右击，在弹出的快捷菜单中选择"配置并启用路由和远程访问"选项，如图8-48所示。

图 8-47

图 8-48

Step 03 在"路由和远程访问服务器安装向导"中进入"配置"对话框，这里选中"网络地址转换（NAT）"单选按钮，单击"下一页"按钮，如图8-49所示。

Step 04 选择连接到外网的网卡，可根据实际情况选择，单击"下一页"按钮，如图8-50所示。

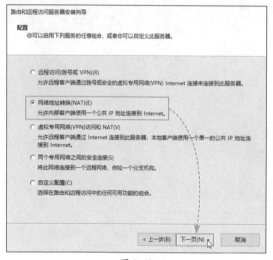

图 8-49

图 8-50

完成配置后等待服务启动，在客户机上使用浏览器或其他方式上网后，在"路由和远程访问"中展开IPv4选项，选择NAT选项后，此时如果有客户机使用该服务器，就可以查看NAT转换的统计信息，如图8-51所示。

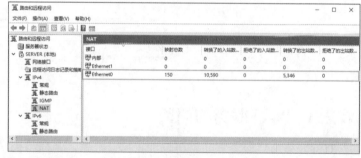

图 8-51

知识拓展

地址映射与端口映射

NAT还可以创建用于分配的IP地址池，如图8-52所示，所有数据包的源地址可以通过地址池中的地址进行转换，还可以添加保留IP，用来给特定服务器进行转换使用，如图8-53所示。

图 8-52

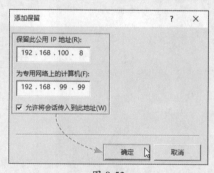

图 8-53

注意事项 保留地址的选择

　　保留IP地址必须在地址池范围内，否则会报错。通过该方法配置的保留转换，会将所有发送给192.168.100.8的请求全部转发给内网的192.168.99.99设备，也就是常说的DMZ（Demilitarized Zone，隔离区）主机。

　　如果某台内网的主机只发布Web服务，而不希望变成DMZ主机，可以使用端口映射，在"服务和端口"选项卡中可以选择某个服务器，如图8-54所示，设置其端口映射参数，如图8-55所示。

图 8-54

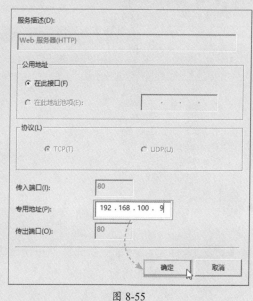

图 8-55

8.2.4　VPN服务概述

　　VPN（Virtual Private Network，虚拟专用网络）通过一个公用网络建立一个临时的、安全的连接，它主要采用隧道技术、加/解密技术、密钥管理技术和使用者与设备身份认证技术。有了VPN技术，用户无论是在外地出差还是在家中办公，只要连接互联网就能利用VPN非常方便地访问内网资源。VPN的隧道协议主要有三种：PPTP、L2TP和IPSec，其中PPTP和L2TP协议工作在OSI模型的第二层，又称为二层隧道协议；IPSec是第三层隧道协议。

　　VPN的基本处理过程如下。

　　第一步：保护主机发送明文信息到其他VPN设备。

　　第二步：VPN设备根据网络管理员设置的规则，确定是对数据进行加密还是直接传输。

　　第三步：对需要加密的数据，VPN设备将其整个数据包（包括要传输的数据、源IP地址和目的IP地址）进行加密并附上数据签名，加上新的数据报头（包括目的地VPN设备需要的安全信息和一些初始化参数）重新封装。

　　第四步：将封装后的数据包通过隧道在公共网络上传输。

　　第五步：数据包到达目的VPN设备后，将其解封，核对数字签名无误后，对数据包解密。

8.2.5　VPN服务的配置

　　在安装NAT服务时，已经安装了VPN服务。下面介绍VPN服务的配置过程。

Step 01 进入"路由和远程访问"界面，禁用"路由和远程访问"后，在服务器上右击，在弹出的快捷菜单中选择"配置并启用路由和远程访问"选项，如图8-56所示。

Step 02 在"配置"对话框中，选择功能，这里选中"远程访问（拨号或VPN）"单选按钮，单击"下一页"按钮，如图8-57所示。

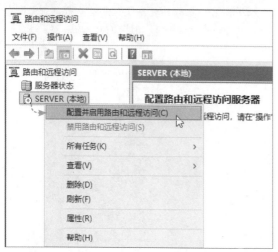

图 8-56

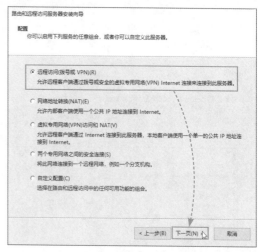

图 8-57

Step 03 勾选"VPN"复选框，单击"下一页"按钮，如图8-58所示。

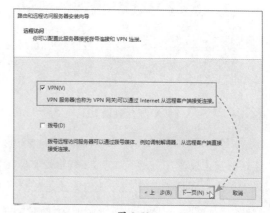

图 8-58

Step 04 选择连接外网的网卡，单击"下一页"按钮，如图8-59所示。

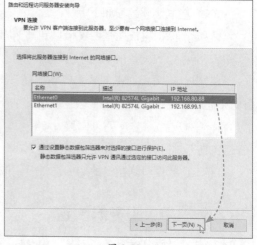

图 8-59

Step 05 选中"来自一个指定的地址范围"单选按钮,单击"下一页"按钮,如图8-60所示。

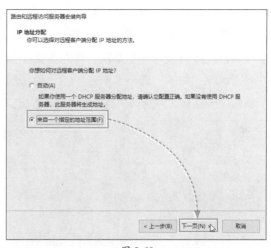

图 8-60

Step 06 新建一个IP地址池,单击"下一页"按钮,如图8-61所示。

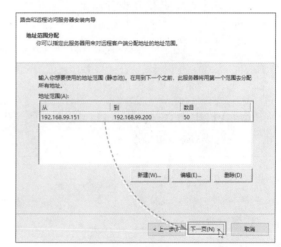

图 8-61

Step 07 选中"否,使用路由和远程访问来对连接请求进行身份验证"单选按钮,单击"下一页"按钮,如图8-62所示。

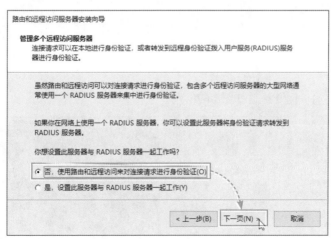

图 8-62

至此VPN服务配置完毕。

远程拨号连接VPN服务器，首先需要在服务器中创建允许远程登录的用户，并进入用户属性界面，在"拨入"选项卡中选中"允许访问"单选按钮，如图8-63所示。在客户机上创建一个新的拨号连接，并选择"连接到工作区"选项，如图8-64所示。

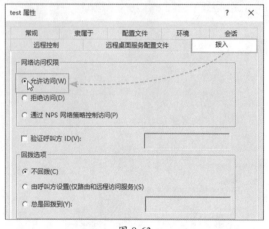

图 8-63

图 8-64

选择VPN拨号连接，输入目标的IP地址，单击"创建"按钮，如图8-65所示。使用创建的用户名及密码登录，如图8-66所示。

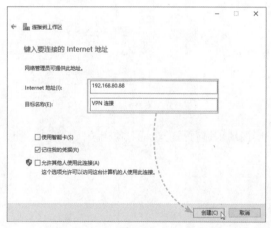

图 8-65

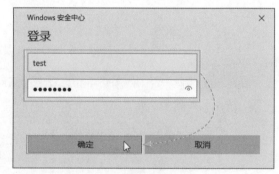

图 8-66

连接后即可访问局域网资源，如图8-67所示。

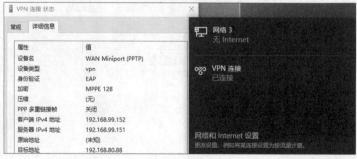

图 8-67

第9章
系统安全与管理

Windows Server 2019作为一款网络服务器系统，安全性一直是Windows Server 2019的重要关注点之一。近年来随着网络技术的发展，网络应用也呈爆发式增长，安全问题也更加突出。现在的网络安全问题已经成为了世界性的难题。本章将介绍Windows Server 2019中针对网络和本地安全策略的一些常见配置项目和参数，以及服务器的备份还原和远程管理的相关操作步骤。

重点难点

- 本地安全策略
- 组策略
- 防火墙的配置
- 服务器备份与还原
- 远程管理

本地安全策略是指对本地计算机及登录到计算机上的账号定义一些安全设置，在没有活动目录集中管理的情况下，本地管理员必须为计算机进行设置，以确保其安全。

9.1.1　本地安全策略简介

本地安全策略是Windows操作系统的一个重要的安全组件。服务器系统的本地安全策略是一组有关本地计算机安全性的信息。除了可以进行账户和口令的检测与认证外，还可以限制用户的上网时间、非法使用者锁定和密码更改等。验证之后还会涉及资源的访问与控制。本地安全策略可以控制的内容包括本地登录还是交互式登录、登录用户在本地计算机中的操作权利与访问权限、用户账户策略的密码策略和账户锁定策略等。

用户可以在服务器管理器界面的"工具"中，找到并选择"本地安全策略"选项来启动该功能，如图9-1所示，还可以通过使用Win+R组合键打开"运行"对话框，输入secpol.msc命令，打开本地安全策略，如图9-2所示。

图 9-1

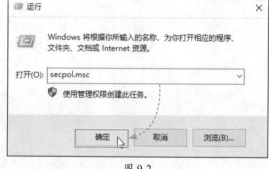

图 9-2

打开的"本地安全策略"设置界面如图9-3所示。

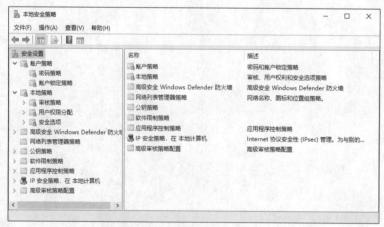

图 9-3

9.1.2　本地安全策略设置

本地安全策略包括很多，有账户策略、本地策略、公钥策略、软件限制策略等。首先介绍本地策略中经常使用的策略以及具体的功能。本地策略又分为安全选项、用户权限分配及审核策略。

1. 设置网络访问权限

设置允许哪些用户和组通过网络连接到计算机。此用户权限不影响远程桌面服务。

进入"本地安全策略"界面，选择"本地策略"|"用户权限分配"列表，找到并双击"从网络访问此计算机"选项，如图9-4所示。在这里可以添加或删除用户和组，如图9-5所示，从而设置可以从网络访问该计算机的最终用户和组。

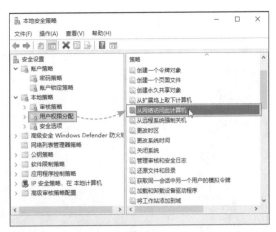

图 9-4

图 9-5

知识拓展

设置拒绝

除了设置允许的用户，为了安全，可以在下方的"拒绝从网络访问这台计算机"中设置拒绝的用户和组，且拒绝的权限更高。如果将此安全策略应用到Everyone组，则没有人能够在本地登录。

2. 设置关闭系统权限

除管理员外，普通用户并没有关闭及重启系统的权限，用户可以找到并双击"关闭系统"选项，如图9-6所示，在列表中添加允许执行关机操作的用户或用户组，单击"确定"按钮，如图9-7所示。

图 9-6

图 9-7

动手练 拒绝从本地登录

有一些账号，管理员可以设置不允许其从本地登录服务器，可以在"本地策略"|"用户权限分配"列表中，找到并双击"拒绝本地登录"选项，如图9-8所示。在列表中，添加拒绝本地登录的用户或组，完成后单击"确定"按钮即可，如图9-9所示。

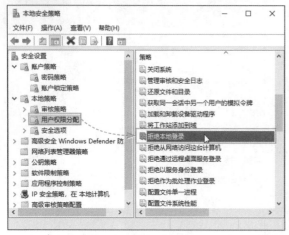

图 9-8

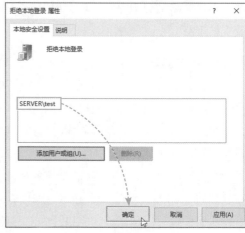

图 9-9

3. 设置审核策略

Windows Server 2019的审核功能提供跟踪所有事件进而监控系统访问的功能，是保证系统安全性的一个重要手段。审核提供跟踪事件执行的结果（成功或失败），事件包括策略更改、登录系统、对象访问、账户使用等。在"本地策略"|"审核策略"列表中选择需要启用的审核项目，如"审核登录事件"，如图9-10所示。勾选记录及审核的选项，这里勾选"成功"复选框，单击"确定"按钮，如图9-11所示。

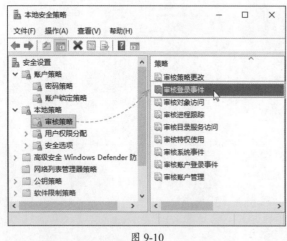

图 9-10

图 9-11

4. 重命名系统内置账户

可以通过"本地策略"|"安全选项"列表中的"账户：重命名来宾账户"为Guest账户重命名，如图9-12和图9-13所示。

Windows Server服务器配置与管理标准教程（实战微课版）

图 9-12

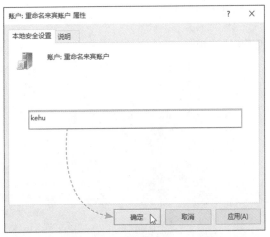

图 9-13

知识拓展

改名的必要性

　　此处可以修改来宾账户以及系统管理员账户名administrator，通过修改系统默认的用户名，可以增强系统的安全性。

动手练 允许空密码账户从网络登录

　　默认情况下，Windows Server系统中没有密码的账户只允许本地登录，而无法通过网络等其他位置登录，可以在"策略"界面找到"账户：使用空密码的本地账户只允许进行控制台登录"选项，双击该项，如图9-14所示，在弹出的对话框中选中 "已禁用"单选按钮，并单击"确定"按钮，如图9-15所示。这样无密码的用户就可以使用空密码远程桌面登录服务器。

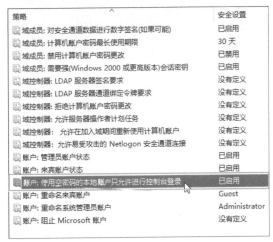

图 9-14

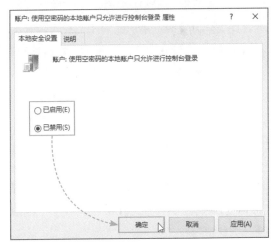

图 9-15

9.1.3　账户安全策略

　　账户策略主要包括密码策略和账户锁定策略，可以控制用户对桌面设置和应用程序的访问，以保护服务器的系统安全。两者的主要功能如下。

1.密码策略

密码策略共有7项，如图9-16所示，具体如下。

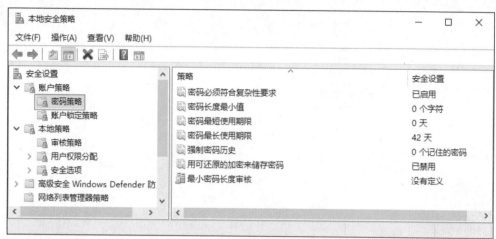

图 9-16

（1）密码必须符合复杂性要求

此安全设置确定密码是否必须符合复杂性要求。在域控制器上默认启用。在独立服务器上默认禁用。如果启用此策略，密码必须符合下列最低要求。

● 不能包含用户的账户名，不能包含用户姓名中超过两个连续字符的部分。

● 长度至少有六个字符。

● 包含以下四类字符中的三类字符：英文大写字母（A～Z）、英文小写字母（a～z）、10个基本数字（0～9）、非字母字符（例如!、$、#、%）。

● 在更改或创建密码时执行复杂性要求。

（2）密码长度最小值

此安全设置确定用户账户密码包含的最少字符数。可以将值设置为1～14个字符，或者将字符数设置为0，以确定不需要密码。在域控制器上默认为7，在独立服务器上默认为0。

（3）密码最短使用期限

此安全设置确定用户更改某个密码前必须使用该密码一段时间（以天为单位）。可以设置为1～998天的某个值，或者将天数设置为0，即允许立即更改密码。在域控制器上默认为1，在独立服务器上默认为0。

（4）密码最长使用期限

此安全设置确定在系统要求用户更改某个密码之前可以使用该密码的期限（以天为单位）。可以将密码设置为在某些天数（1～999）后到期，或者将天数设置为0，指定密码永不过期。默认值为42。

（5）强制密码历史

此安全设置确定再次使用某个旧密码之前必须与某个用户账户关联的唯一新密码数。该值为0～24。此策略使管理员能够通过确保旧密码不被连续重新使用来增强安全性。在域控制器上默认为24，在独立服务器上默认为0。

（6）用可还原的加密来储存密码

此安全设置确定操作系统是否使用可还原的加密来储存密码。此策略为某些应用程序提供支持，这些应用程序使用的协议需要用户密码来进行身份验证。使用可还原的加密储存密码与储存纯文本密码在本质上是相同的。因此，除非应用程序需求比保护密码信息更重要，否则绝不要启用此策略。通过远程访问或Internet身份验证服务，使用质询握手身份验证协议验证时需要设置此策略。在Internet信息服务中使用摘要式身份验证时也需要设置此策略。

（7）最小密码长度审核

此安全设置确定了发出密码长度审核警告事件的最小密码长度。此设置可以配置为1～128。仅当尝试确定在环境中增加最小密码长度设置的潜在影响后，才能启用和配置此设置。如果未定义此设置，则不会发出审核事件。

2. 账户锁定策略

在账户锁定策略中主要包含四项，如图9-17所示。各锁定策略的含义如下。

图 9-17

（1）允许管理员账户锁定

此安全设置决定内置管理员账户是否受账户锁定策略约束。

（2）账户锁定时间

此安全设置确定锁定账户在自动解锁之前保持锁定的分钟数。可用范围为0～99999分钟。如果将账户锁定时间设置为0，账户将一直被锁定，直到管理员明确解除对它的锁定。如果定义了账户锁定阈值，则账户锁定时间必须大于或等于重置时间。默认值为无，因为只有指定了账户锁定阈值时，此策略设置才有意义。

（3）账户锁定阈值

此安全设置确定导致用户账户被锁定的登录失败的次数。在管理员重置锁定账户或账户锁定时间期满之前，无法使用该锁定账户。可以将登录尝试失败次数设置为0～999。如果将值设置为0，则永远不会锁定账户。使用Ctrl+Alt+Del组合键或密码保护的屏幕保护程序锁定的工作站或成员服务器上的密码尝试失败将记作登录尝试失败。默认值为0。

（4）重置账户锁定计数器

在此后复位账户锁定计数器。此安全设置确定在某次登录尝试失败之后将登录尝试失败计数器重置为0次错误登录尝试之前需要的时间。可用范围为1～99999分钟。如果定义了账户锁定阈值，此重置时间必须小于或等于账户锁定时间。默认值为无，因为只有在指定了账户锁定阈值时，此策略设置才有意义。

组策略（Group Policy）是微软Windows NT家族操作系统的一个特性，它可以控制用户账户和计算机账户的工作环境。组策略提供操作系统、应用程序和活动目录中用户设置的集中化管理和配置。组策略的其中一个版本名为"本地组策略"，可以在独立且非域的计算机上管理组策略对象。

9.2.1　组策略与组策略编辑器

所谓组策略，就是基于组的策略，它以Windows中的一个MMC管理单元的形式存在，可以帮助系统管理员针对整个计算机或特定用户设置多种参数，包括桌面配置和安全配置。如可以为特定用户或用户组定制可用的程序，桌面内容，以及"开始"菜单选项等。简而言之，组策略是Windows系统中的一套系统更改和配置管理工具的集合。简单来说，组策略就是修改注册表中的配置。当然，组策略使用自己更完善的管理组织方法，可以对各种对象中的设置进行管理和配置，远比手动修改注册表方便、灵活，功能也更加强大。

通过组策略，可以完成以下工作。

（1）在站点级或域级上，该应用与整个企业策略集中起来；或者在组织单位（OU）级上，将应用于每个部门的策略分散开来。

（2）确保用户在能满足工作需要的用户环境中工作，可以进行如下操作。

- 在注册表中拥有必要的应用程序和系统配置设置，并在系统中拥有用于修改计算机和用户环境的脚本。
- 自动安装软件。
- 拥有本地计算机、域和网络的安全设置。
- 控制用户数据文件夹的存储位置。

（3）控制用户和计算机的环境，从而可以降低用户所需的技术支持级别，并使由用户失误造成的工作效率降低的情况大大减少。例如，通过组策略，可以防止用户安装不必要的软件，或更改工作环境。

（4）实施企业策略，包括商业规范、目标和安全要求。

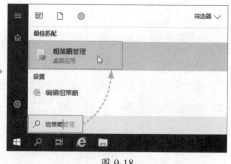

图 9-18

本地组策略编辑器是一个Microsoft管理控制台管理单元，它提供一个单一用户界面，通过该界面可管理本地组策略对象。通过本地组策略编辑器，管理员可以编辑本地组策略对象，禁止通过本地组策略进行计算机或用户设置，也不允许对某些任务使用脚本，包括启动和关闭。从Windows Server 2008以后，在所有Windows Server版本中都有本地组策略编辑器。可

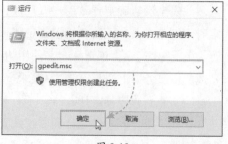

图 9-19

以搜索"编辑组策略"，如图9-18所示，也可通过使用Win+R组合键运行gpedit.msc命令来启动本地组策略编辑器，如图9-19所示。

启动后，主策略编辑器的主界面如图9-20所示。

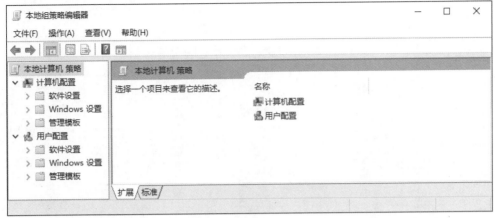

图 9-20

通常可以通过组策略中的"计算机配置"和"用户配置"选项为用户和计算机应用组策略设置。

（1）计算机配置

计算机配置的组策略设置包括操作系统行为、桌面行为、安全设置、计算机启动和关机脚本、计算机分配的应用程序选项和应用程序设置。在操作系统初始化和整个系统刷新间隔期间，系统将会应用与计算机有关的组策略设置。

（2）用户配置

用户配置的组策略设置包括特定的操作系统行为、桌面设置、安全设置、分配和发布的应用程序选项、应用程序设置、文件夹重定向选项和用户登录及注销脚本。在用户登录计算机以及整个策略刷新间隔期间，系统将会应用与用户相关的组策略设置。

一般当计算机组策略设置和用户组策略配置发生冲突时，系统将优先应用计算机组策略设置。

9.2.2 组策略编辑器的使用

在组策略编辑器中，可以方便地对系统中的一些常见设置进行定义。

1. 配置开始菜单和任务栏

依次展开"计算机配置"|"管理模板"|"'开始'菜单和任务栏"列表，在其中可以对"开始"菜单和任务栏进行设置。

如选择并双击"不保留最近打开文档的历史"选项，如图9-21所示，在弹出的界面中选中"已启用"单选按钮，单击"确定"按钮，如图9-22所示，完成功能的启动和配置。

知识拓展

不保留最近打开文档的历史

　　该功能阻止操作系统及已安装的程序创建和显示最近打开的文档的快捷方式，在一定程度上可以保护用户的隐私。

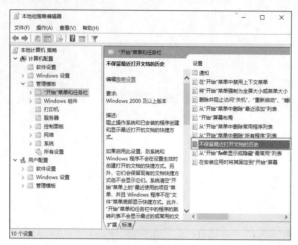
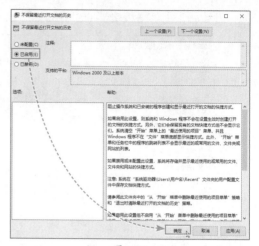

图 9-21 图 9-22

2. 阻止 Windows 自动更新

如果不希望系统自动更新，可以按照下面的方法进行操作。打开"本地组策略编辑器"界面，展开"计算机配置"|"Windows组件"|"Windows更新"列表，从中找到并双击"配置自动更新"选项，如图9-23所示。在弹出的对话框中选中"已禁用"单选按钮，单击"确定"按钮，完成配置，如图9-24所示。

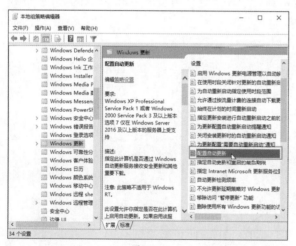
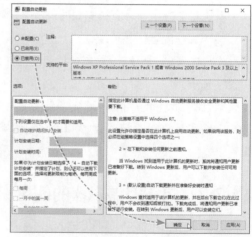

图 9-23 图 9-24

知识拓展

自动更新高级功能

除了设置禁止更新外，选中"已启用"单选按钮，可以在左下方的"选项"框体中，设置自动更新的方式、计划安装的时间和日期，或者自动安装的频率，以及是否安装其他的产品更新等。

3. 配置磁盘配额

在组策略中也可以配置磁盘配额，可以在"计算机配置"|"系统"|"磁盘配额"列表中启用磁盘配额、指定默认配额限制和警告级别等，如图9-25和图9-26所示。

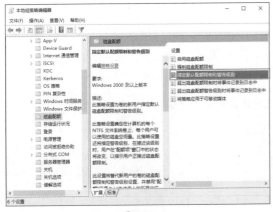

图 9-25

图 9-26

动手练 禁止手动修改IP

除了计算机配置外,在用户配置中也有相关的管理功能。常见的功能,如禁止用户手动修改IP地址,可以禁用TCP/IP的高级配置,这样在无法打开配置页面的情况下,用户无法手动配置服务器IP地址,在一定程度上增强了系统的网络安全。展开"用户配置"|"管理模板"|"网络连接"列表,找到并双击"禁用TCP/IP高级配置"选项,如图9-27所示,在打开的配置界面中选中"已启用"单选按钮,单击"确定"按钮完成配置,如图9-28所示。

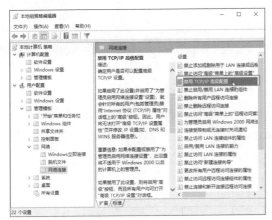

图 9-27

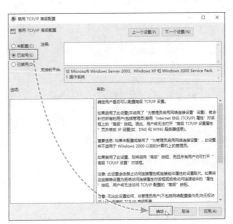

图 9-28

9.3 防火墙的使用

Windows防火墙是保护Windows系统网络安全的重要壁垒,而且很多软硬件防火墙的功能都可以在Windows防火墙中实现。下面介绍Windows防火墙的应用。

9.3.1 防火墙简介

防火墙是指设置于网络之间,通过控制网络流量、阻隔危险网络通信,以达到保护网络的目的,由硬件设备和软件组成的防御系统。像建筑防火墙阻挡火灾、保护建筑一样,Windows

213

防火墙有阻挡危险流量、保护网络的功能。从信息保障的角度来看，防火墙是一种保护手段。

防火墙一般布置于网络之间，最常见的形式是布置于公共网络和企事业单位内部的专用网络之间，用以保护内部专用网络。有时在一个网络内部也可能设置防火墙，用来保护某些特定的设备，但被保护关键设备的IP地址一般会和其他设备处于不同网段。其实，只要有必要，有网络流量的地方都可以布置防火墙。

9.3.2 防火墙的配置

在2.4.3节中，为了保证实验结果，介绍了如何关闭防火墙看，通过反向操作，可以开启防火墙。以下将着重介绍防火墙的功能和参数配置。

1. 阻止所有传入连接

阻止所有传入连接将阻止所有主动连接本计算机的请求。当需要为计算机提供最大程度的保护时，可以开启此设置。Windows防火墙在阻止时不会通知用户，并且会忽略允许的程序列表中的程序。阻止所有接入连接后，仍然可以查看大多数网页、发送和接收电子邮件，以及发送和接收即时消息。一般在测试或特殊情况下使用该选项。

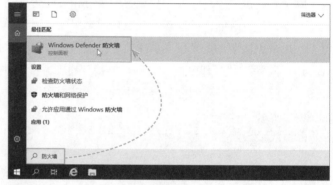

图 9-29

Step 01 在搜索框中搜索关键字"防火墙"，在结果中选择"Windows Defender防火墙"选项，如图9-29所示。

Step 02 在弹出的对话框中单击"启用或关闭Windows Defender防火墙"链接，如图9-30所示。在该界面中，也可以启动或关闭防火墙，以及允许在阻止时通知用户。

Step 03 在"专用网络设置"中勾选"阻止所有传入连接，包括位于允许应用列表中的应用"复选框，在"公用网络设置"中勾选"阻止所有传入连接，包括位于允许应用列表中的应用"复选框，单击"确定"按钮，如图9-31所示。

图 9-30

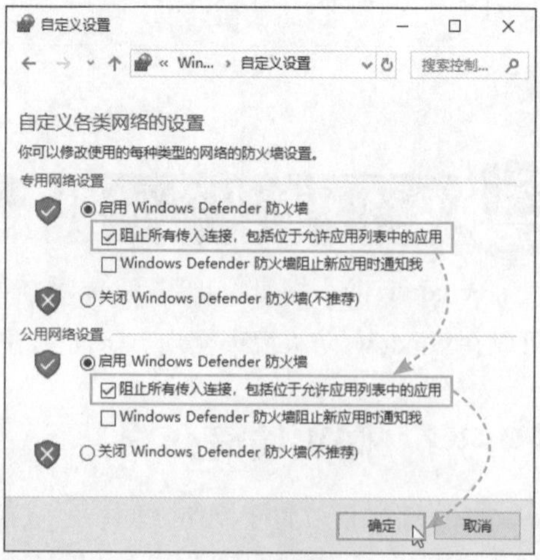

图 9-31

此时，使用ping命令检测，会发现无法ping通，如图9-32所示。

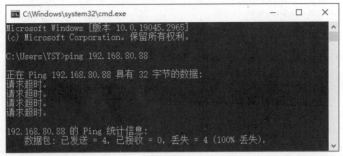

图 9-32

2. 允许程序通过配置

防火墙开启后，可以阻止未被允许的程序通过，但可以手动设置允许通过的程序。用户需要先取消勾选"阻止所有传入连接，包括位于允许应用列表中的应用"复选框。

Step 01 打开防火墙配置界面，单击左侧的"允许应用或功能通过Windows Defender防火墙"链接，如图9-33所示。

Step 02 在"允许的应用"对话框中查找需要控制的程序，在允许访问的网络中勾选对应的复选框，即可让该程序访问该网络，如图9-34所示。

图 9-33   图 9-34

3. 设置出入站规则

可以根据不同的程序、协议、端口、地址等内容进行防火墙规则的配置。防火墙使用出站规则和入站规则来配置其如何响应传入和传出的流量，通过安全规则来确定如何保护计算机和其他计算机之间的流量，并且可以监视防火墙活动和规则。下面介绍具体的配置过程。

Step 01 在防火墙设置中，单击"高级设置"链接，如图9-35所示。

Step 02 在弹出的规则中，可以查看所有的配置文件和出入站规则。例如要为Web服务器设置规则，则在"入站规则"上右击，在弹出的快捷菜单中选择"新建规则"选项，如图9-36所示。

图 9-35   图 9-36

Step 03 在向导界面中选中"端口"单选按钮，单击"下一步"按钮，如图9-37所示。

Step 04 选择使用的协议以及访问的端口号，例如选择TCP协议，以及http的端口号80、https的端口号443，配置完毕后，单击"下一步"按钮，如图9-38所示。

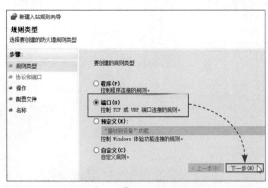
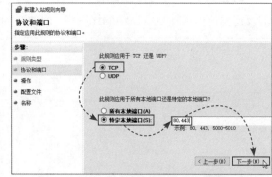

图 9-37   图 9-38

Step 05 设置对符合要求的数据包的处理方式，例如选中"允许连接"单选按钮，单击"下一步"按钮，如图9-39所示。

Step 06 设置应用该规则的网络，根据需要进行勾选即可，完成后单击"下一步"按钮，如图9-40所示。

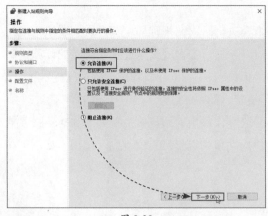
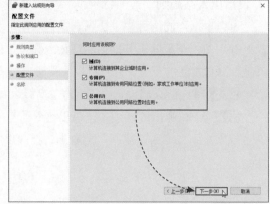

图 9-39   图 9-40

Step 07 设置入站规则名称及描述信息，单击"完成"按钮，如图9-41所示。

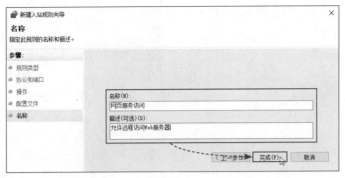

图 9-41

动手练 设置应用程序访问规则

除端口外，还可以直接控制某应用程序的联网状态，如默认安装完QQ后可以启动，可以通过设置规则拒绝其登录。下面介绍具体的操作方法。

Step 01 打开"高级安全Windows Defender防火墙"界面，新建出站规则，如图9-42所示。

图 9-42

Step 02 在向导中，选择创建规则的类型为"程序"，如图9-43所示。

Step 03 找到并选择程序所在的完整路径，单击"下一步"按钮，如图9-44所示。

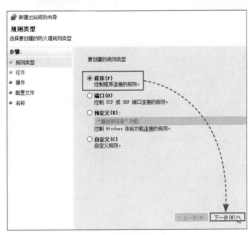

图 9-43

图 9-44

Step 04 操作设置为"阻止连接"，完成后再测试QQ，可以看到QQ的网络连接已经被阻止，如图9-45所示。

图 9-45

4. 修改出入站规则

安装完程序后，如QQ，在入站规则中会自动创建该程序的入站规则，如图9-46所示。

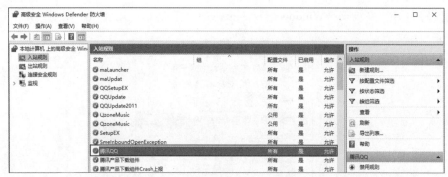

图 9-46

用户双击某个规则，可以启动该规则的属性界面，在其中可以修改操作内容、程序位置、协议和端口、允许的用户等，如图9-47和图9-48所示。

图 9-47

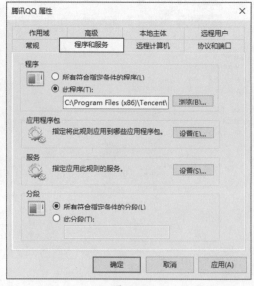

图 9-48

9.4 Windows Server的备份功能

Windows Server操作系统的稳定性和安全性都非常高，但所有系统都避免不了因为软硬件的关系出错、崩溃或丢失各种重要的数据，所以只有及时备份才是最有效的方法。除了使用磁盘阵列外，在Windows Server系统中，系统还提供"Windows Server 备份"功能，为系统及数据的安全保驾护航。

9.4.1 Windows Server备份简介

Windows Server备份为日常备份和恢复需求提供了完整的解决方案。可以使用该功能备份整个服务器的所有卷、选定卷、系统状态或者特定文件或文件夹，并且可以创建用于裸机恢复的备份。可以恢复卷、文件夹、文件、某些应用程序和系统状态。另外在发生磁盘故障而又没有冗余阵列的情况下，还可以进行裸机恢复。在备份前，需要为系统添加一块新的磁盘作为备份存储的介质，才能使用该备份功能。

9.4.2 使用Windows Server备份系统

下面介绍使用Windows Server备份功能对系统进行备份的操作步骤。

Step 01 默认情况下并没有安装Windows Server的备份功能，用户可以启动"添加角色和功能向导"，在"功能"对话框中勾选"Windows Server备份"复选框，以安装该功能，如图9-49所示。

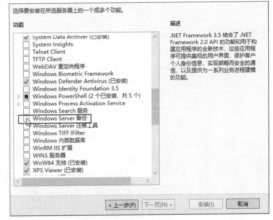

图 9-49

Step 02 安装成功后，在"服务器管理器"中单击"工具"下拉按钮，在下拉列表中找到并选择"Windows Server备份"选项，如图9-50所示。

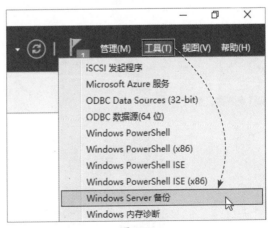

图 9-50

Step 03 在"Windows Server备份"窗口中单击右侧的"备份计划"链接，如图9-51所示。

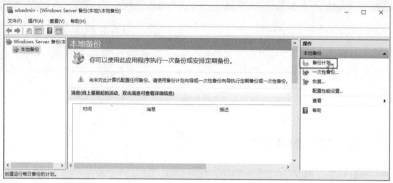

图 9-51

Step 04 在弹出的"备份计划向导"对话框中选择备份的内容，推荐备份整个服务器。为方便演示，这里选中"自定义"单选按钮，单击"下一步"按钮，如图9-52所示。

Step 05 根据需要添加备份的内容，此处可以备份的内容非常多，为方便演示，这里选择"系统状态"进行备份，如图9-53所示。

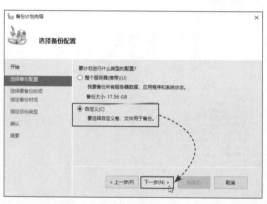

图 9-52

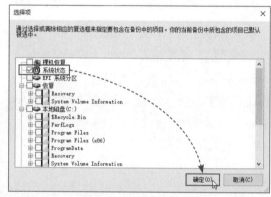

图 9-53

Step 06 设置备份的时间以及频率，如图9-54所示。

Step 07 选择备份的位置，这里选中"备份到专用于备份的硬盘（推荐）"单选按钮，单击"下一步"按钮，如图9-55所示。

图 9-54

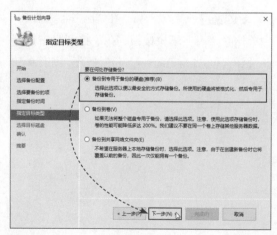

图 9-55

Step 08 选择目标磁盘，单击"下一步"
按钮，如图9-56所示。

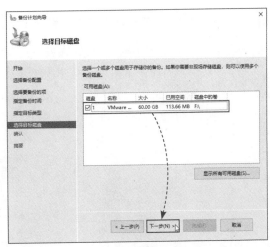

图 9-56

Step 09 因为是备份专用，所以该磁盘会
被格式化，单击"是"按钮，如图9-57所示。

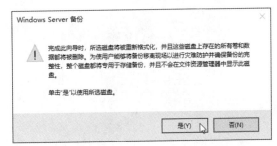

图 9-57

完成并关闭即可，完成计划设置后，会在设定的时间创建备份，如图9-58所示。备份完毕
后，可以在主页中查看备份的日志信息，如图9-59所示。

图 9-58

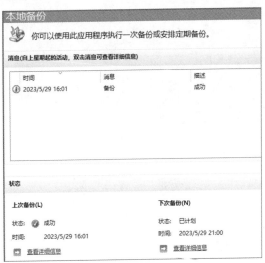

图 9-59

立即创建

可以单击图9-51中的"一次性备份"链接，按照任务计划立即创建备份内容。

动手练 使用Windows Server还原系统

备份完毕后，可以在系统出现故障时使用备份还原。打开"Windows Server备份"界面，单击界面右侧的"恢复"链接，如图9-60所示。按照时间找到所需要的备份，单击"下一步"按钮，如图9-61所示。

图 9-60

图 9-61

选择恢复的内容，因为之前备份的是"系统状态"，所以这里选中"系统状态"单选按钮，如图9-62所示。其他保持默认，执行后自动进入系统还原过程，如图9-63所示。

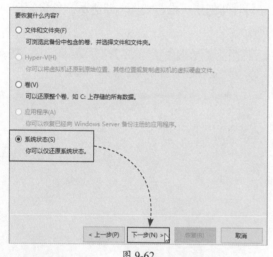

图 9-62

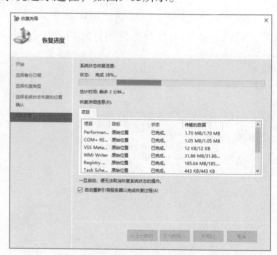

图 9-63

恢复其他内容

如果备份了文件、文件夹或卷，也可以在恢复选项中只恢复对应的项目，非常灵活。

数据恢复完毕后，会自动重启服务器系统，进入桌面后会提示已成功完成恢复，然后就可以正常使用系统了。

9.5 远程管理Windows Server

网络机房中一般会有很多服务器，在其中带有桌面环境的服务器里，有些配备显示器，有些共享一台显示器。这些服务器一台台管理或远程调试会非常不方便，所以需要一些特殊手段进行远程管理。现在比较流行的远程管理手段有远程网页管理、远程桌面管理、第三方远程管理软件等。下面介绍一些常见的远程管理的实施方法。

9.5.1 使用Windows Admin Center远程管理

服务器的本地管理，最常使用的是"服务器管理器"管理模块，它可以查看服务器配置，添加、删除、配置、启用、禁用服务，监控、了解服务器状态，读取、筛选日志等。在Windows Server 2019中，增加了一个浏览器接口管理工具Windows Admin Center，可以通过网页对服务器进行各种远程管理操作。

1. Windows Admin Center 简介

Windows Admin Center是一个在本地部署的基于浏览器的新管理工具集，让用户能够管理Windows Server服务器，而无须依赖Azure或云。利用Windows Admin Center，用户可以完全控制服务器基础结构的各方面，对于在未连接到Internet的专用网络上管理服务器特别有用。

2. Windows Admin Center 的下载与安装

Windows Admin Center软件可以从微软官网获取，但最方便的是从服务器管理器中获取。下面介绍该软件的下载与安装步骤。

`Step 01` 打开"服务器管理器"窗口，单击软件下载链接，如图9-64所示。

图 9-64

`Step 02` 使用IE浏览器打开该链接，在其中找到并单击"下载Windows Admin Center"链接，如图9-65所示。

`Step 03` 在打开的窗口中单击"下载MSI"链接，下载安装包，如图9-66所示。

图 9-65

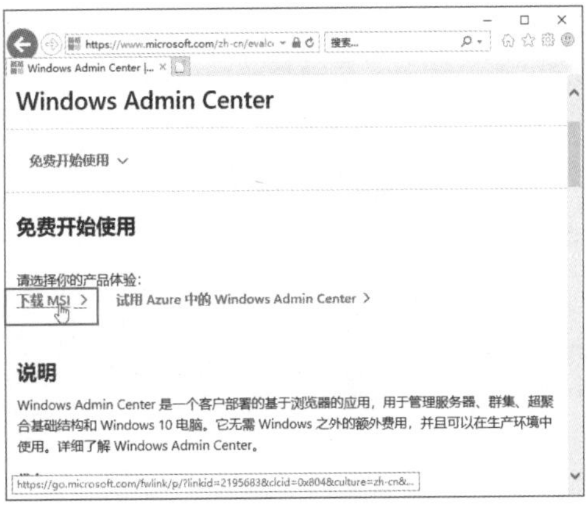

图 9-66

Step 04 填写试用信息，进入下载界面，单击"立即下载"链接，如图9-67所示。

Step 05 浏览器启动下载，完成后到下载位置双击安装包，如图9-68所示。

图 9-67

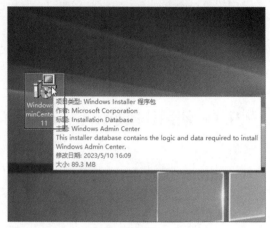

图 9-68

Step 06 单击"运行"按钮，启动安装，如图9-69所示。

Step 07 启动安装向导，如图9-70所示，保持默认完成安装。

图 9-69

图 9-70

3. Windows Admin Center 的使用

由于没有DNS服务器，在其他主机上打开浏览器访问该服务器的Windows Admin Center，需要使用IP地址来访问，地址格式为"https//IP地址"。输入管理员名称及密码后，单击"登录"按钮，如图9-71所示。

图 9-71

更新扩展

Windows Admin Center会自动更新扩展，以适应服务器并添加更多的功能。

在其中会显示所有可管理的服务器角色，单击并连接该服务器，如图9-72所示。

图 9-72

可以在列表中看到服务器所有信息，并可以管理及配置服务器，如图9-73所示。可以在其中对重启、关机、安全性、本地用户和组、存储、存储迁移、防火墙、服务、更新、计划任务、进程、设备、时间、网络、文件等进行管理。

图 9-73

如设置网络地址，可以切换到"网络"选项卡，对网络参数进行设置，如图9-74所示。

图 9-74

还可以在其中添加"角色和功能"，如安装Web服务器等，如图9-75所示。

图 9-75

动手练 使用系统远程桌面管理

远程桌面服务可以为用户提供远程登录服务器的桌面环境，不需要其他软件，仅需要开启并设置远程桌面服务，即可让用户在局域网任意一台计算机中远程访问服务器，并可以像操作本地计算机一样，以图形界面控制服务器。通过网络映射服务，还可以将远程桌面的主控设备扩展到Internet网络，便于维护人员随时控制服务器。

1. 远程桌面服务端的设置

出于安全考虑，远程桌面需要服务端开启远程桌面服务功能，客户端才能使用远程桌面连接，下面介绍开启的步骤。

Step 01 打开"服务器管理器"界面，找到并单击"远程桌面"后的"已禁用"按钮，如图9-76所示。

Step 02 选中"允许远程连接到此计算机"单选按钮，如图9-77所示。

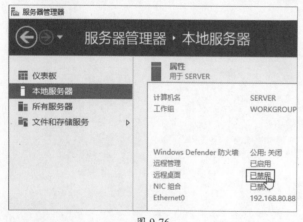

图 9-76

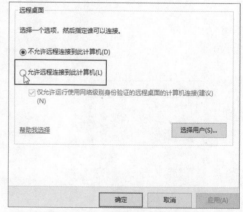

图 9-77

Step 03 提示远程桌面防火墙例外将被启用，单击"确定"按钮，如图9-78所示。

当前登录的用户已经有远程访问的权限，如果要添加其他用户，可以在图9-77中单击"选择用户"按钮，从弹出的列表中添加其他用户，如图9-79所示。

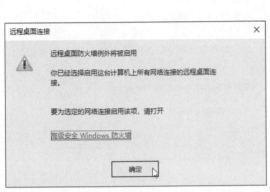

图 9-78

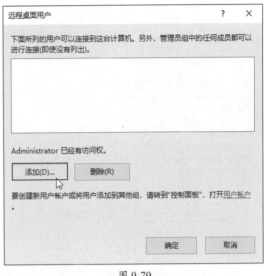

图 9-79

完成所有设置后，单击"确定"按钮退出设置界面，此时服务器已经配置完毕。

2. 访问远程桌面服务器

服务器配置完毕后，用户可以在局域网的其他设备中访问该远程桌面服务器。

Step 01 搜索并打开远程桌面连接功能，如图9-80所示。

Step 02 输入远程服务器的IP地址，单击"连接"按钮，如图9-81所示。

图 9-80

图 9-81

Step 03 输入管理员用户名及密码，勾选"记住我的凭据"复选框，单击"确定"按钮，如图9-82所示。

Step 04 系统进行安全提示，勾选"不再询问我是否连接到此计算机"复选框，单击"是"按钮，如图9-83所示。

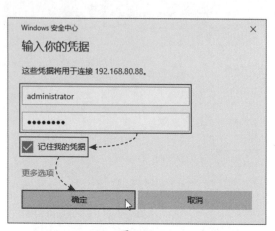

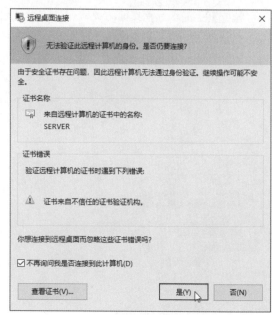

图 9-82 图 9-83

接下来打开远程桌面窗口，远程连接服务器，用户可以像操作本地计算机一样操作远程的服务器，如图9-84所示。

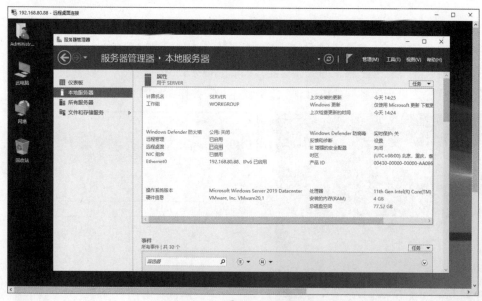

图 9-84

9.5.2 使用第三方工具进行远程桌面管理

系统自带的远程桌面一般都是在本地登录管理，速度也非常快，而要在Internet网络中使用该方法进行连接，需要进行网络映射、购买并使用域名管理等，非常麻烦。此时可以使用第三方的远程桌面软件，仅需要安装对应的客户端，就可以执行远程桌面控制、远程文件传输、远程管理设备、查看摄像头等操作。比较常见的软件有TeamViewer，以及国产免费的ToDesk、向日葵等，操作方法类似。下面以ToDesk为例介绍使用该类软件进行远程桌面管理的方法。

Step 01 进入官网"www.todesk.com"中单击"个人版免费下载"按钮，弹出如图9-85所示的窗口。

Step 02 双击安装包，按照正常软件的安装步骤进行安装，如图9-86所示。

图 9-85

图 9-86

知识拓展

仅需被协助

如果仅需要进行远程协助，可以在图9-85中下载"精简版"，无须安装，启动后会显示设备代码（设备ID号）及密码。

Step 03 打开软件后，在主界面中可以查看"设备代码"和"临时密码"，如图9-87所示，将其发送给被控端。

Step 04 其他计算机上同样安装该软件，启动后输入需要控制的设备代码，单击"连接"按钮，如图9-88所示。

图 9-87

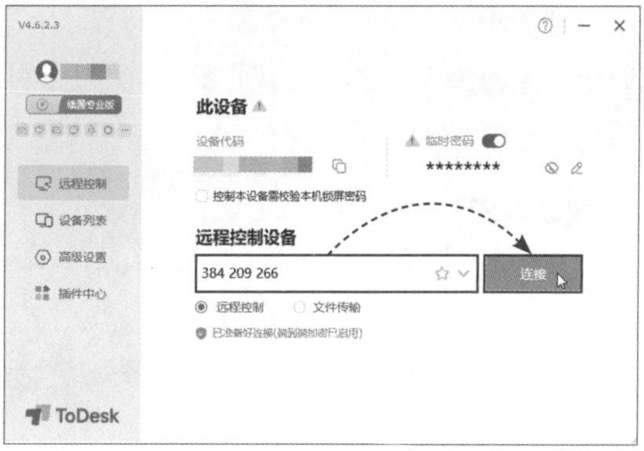

图 9-88

Step 05 输入密码后，单击"确定"按钮，如图9-89所示。

图 9-89

Step 06 接下来可以像使用本地计算机一样远程操控服务器，如图9-90所示。

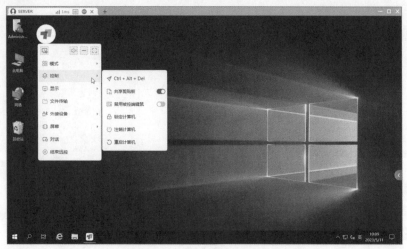

图 9-90

知识延伸：使用SSH远程管理Windows Server

　　安全外壳协议（Secure Shell，SSH）是一种在不安全网络上用于安全远程登录和其他安全网络服务的协议。SSH适用于多个平台，常用于Linux操作系统，Windows Server 2019也可以使用。

1. 安装 SSH 服务端

　　SSH分为服务端和客户端，Windows系统默认集成了客户端程序，如果要远程连接Windows Server 2019，则需要安装服务端程序。

Step 01 按Win键打开"开始"菜单，搜索"添加或删除程序"，单击搜索结果，如图9-91所示。

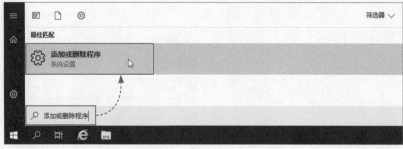

图 9-91

Step 02 单击"管理可选功能"链接，如图9-92所示。

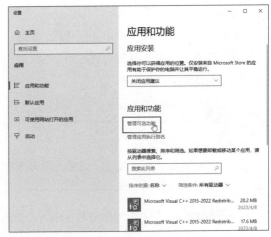

图 9-92

Step 03 默认已经安装了"OpenSSH客户端"，单击"添加功能"按钮，如图9-93所示。

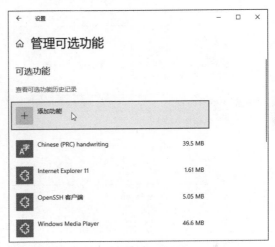

图 9-93

Step 04 找到并单击"OpenSSH服务器"卡片，单击"安装"按钮，如图9-94所示。返回后，可以看到该功能已安装完毕，如图9-95所示。

图 9-94

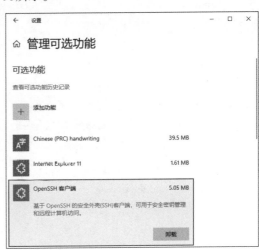

图 9-95

2. 开启服务

安装完毕后，SSH服务并没有开启，需要手动开启。

Step 01 使用Win+R组合键打开"运行"对话框，输入services.msc命令，单击"确定"按钮，如图9-96所示。

知识拓展

打开命令提示符界面

在此处输入cmd，可以进入命令提示符界面。

Step 02 找到并双击OpenSSH Authentication Agent服务，如图9-97所示。

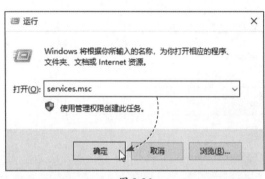

图 9-96

图 9-97

Step 03 单击"禁用"下拉按钮，在下拉列表中选择"自动"选项，如图9-98所示。

Step 04 返回后单击"应用"按钮，如图9-99所示，该服务即可开机启动。

图 9-98　　　　　　　　　　　　　　　　　　图 9-99

注意事项 **无法启动服务**

对于“禁用”状态的服务，只有先设置启动类型为非禁用的其他选项并“应用”后，才可以启动该服务。

Step 05 单击“启动”按钮，启动该服务，如图9-100所示。

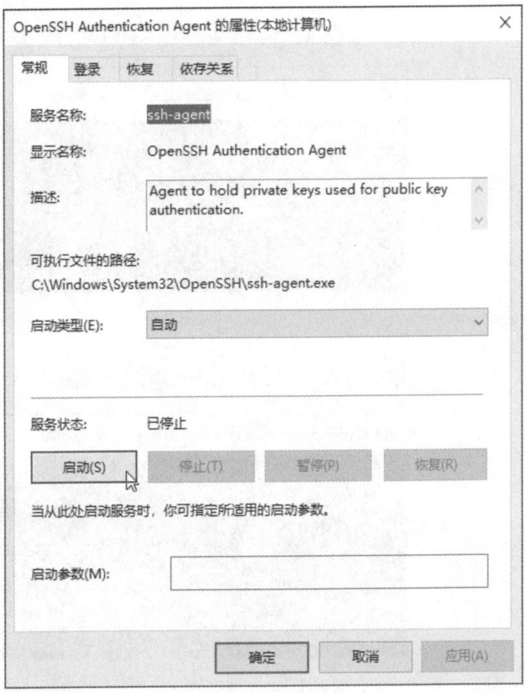

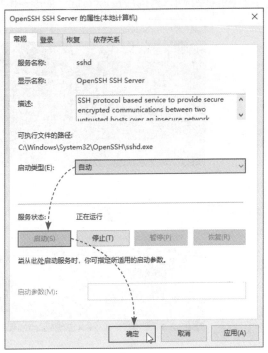

图 9-100

Step 06 确定并返回后，找到并打开“OpenSSH SSH Server的属性”服务，“启动类型”设置为“自动”后，启动该服务，单击“确定”按钮，退出服务，如图9-101所示。

图 9-101

3. 远程连接服务器

安装完毕后，可以在局域网的其他计算机上启动命令提示符界面，使用SSH命令远程连接服务器。

Step 01 打开命令提示符界面，使用命令远程连接SSH服务器，命令格式为"ssh 用户名@服务器IP"，本地为"ssh administrator@192.168.80.88"，完成后按Enter键确定，如图9-102所示。

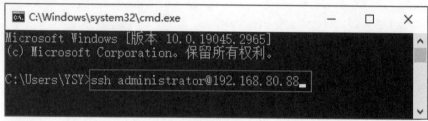

图 9-102

Step 02 输入yes后按Enter键，如图9-103所示。

图 9-103

Step 03 输入密码后按Enter键，如图9-104所示，此处密码不可见。

图 9-104

Step 04 正常连接后，就可以执行各种命令，如图9-105所示。

图 9-105

附 录
虚拟机的安装与使用

在进行网络攻防安全实验的过程中，不可避免地要接触和使用各种病毒、木马，进行各种渗透、防御实验，如果使用正常的设备真实地去模拟，除了投资较大外，还会影响整个局域网的安全性，以及主机的安全性，所以需要一种安全稳定，又能模拟真实局域网环境和各种主机的技术，虚拟机就应运而生了。

1. 虚拟机与VMware

虚拟机也就是虚拟计算机，是非常常见的虚拟软件。利用虚拟机，可以在一台计算机中完成复杂的网络及终端环境搭建，对于各种实验来说非常简单、安全、可靠。

1）认识虚拟机

虚拟化技术现在非常流行，首先需要硬件的支持，例如CPU。在进行虚拟化前，可以在BIOS中开启虚拟化技术支持，如图1所示。接下来通过软件模拟具有完整硬件系统功能的计算机终端，也就是和真实的计算机相同的虚拟计算机。在正常计算机上能够实现的功能，在虚拟机中都能实现。服务器的虚拟化会占用一部分服务器资源，但是虚拟化带来的服务器效率提升，或者说产生的经济价值是非常巨大的。

图 1

> **知识拓展**（实战微课版）
>
> **虚拟化技术应用**
>
> 虚拟化技术应用非常广泛，也是未来的发展方向。除了在系统及软件层面上的虚拟化，在服务器上还可以从底层进行虚拟化，这种虚拟化技术更加强大和彻底。实际应用中，可以使用这种虚拟化技术在底层虚拟多套系统，分别安装服务器程序，就可以在一台服务器上虚拟出多台服务器，以此降低成本，提高利用率，方便管理。

2）虚拟机的作用

虚拟机可以在一台计算机上同时虚拟多台设备，例如，在运行Windows 11系统的主机上，再运行多个Windows Server系统和Linux系统来搭建服务。而且虚拟机的独立性可以使其和真实机分开。虚拟机自带完善的虚拟网络系统，通过配置，可以在一台计算机上创建一套完整的局域网体系。虚拟机的实际作用如下。

（1）测试病毒

虚拟机和真实机之间进行了隔离，所以在虚拟机上运行各种软件不会影响真实机。经常使用虚拟机来测试病毒、木马，查看其效果和对系统的影响，并且这种影响不会传染到真实机，所以掌握虚拟机的使用是安全工程师必备技能。

知识拓展

宿主机与真实机

　　宿主机或真实机都是指正常的实体计算机，在其上运行的虚拟计算机叫作客户机或虚拟机。

　　（2）搭建环境

　　不同的软件需要不同的运行环境，这种环境有可能会影响软件的正常运行，所以在虚拟机中操作绝对是一个最佳选择。

　　（3）各种实验

　　某些实验可能需要多台计算机，多种不同的系统，尤其是进行各种网络实验和攻防实验，虚拟机就是一个很好的解决方案。只要主机性能强劲，用户可以虚拟出多台计算机，快速打造符合实验的网络环境。

知识拓展

靶机

　　靶机就是可以当作靶子进行攻防练习的计算机。本地靶机速度快，而且可以根据实验需要调整靶机的设置和漏洞，更加符合新手的学习需要。

　　（4）测试软件及系统

　　如想尝试新的系统，例如各种Linux系统、macOS系统等，手头的计算机还需要正常使用，这种情况下虚拟机是最好的选择。虚拟机的备份还原功能可以随时保存当前的虚拟机工作状态，在出现问题后，可以随时还原到该状态。

　　（5）解决兼容性问题

　　一些行业的专业软件只支持Windows 7或更老版本的软件，这时可以使用虚拟机完美解决这个问题。另外，部分和新系统有兼容性问题的软件地可以在虚拟机上运行，非常方便。

　　3）VMware公司简介

　　VMware是一家全球云基础架构和移动商务解决方案厂商，提供基于VMware的解决方案，是桌面到数据中心虚拟化解决方案的领导厂商。通过虚拟化技术，可以降低成本和运营费用，确保业务持续性，加强安全性。

　　VMware公司的产品很多，例如用于数据中心服务器虚拟化的套件和产品vSphere，虚拟化管理程序ESXi，虚拟中心保护系统等。本书介绍并使用的VMware Workstation Pro属于VMware公司的桌面和终端用户产品。除了该产品，在桌面领域还有供个人用户免费使用的VMware Workstation Player（图2），苹果计算机使用的虚拟软件VMware Fusion（图3）。

　　本书中使用的是VMware Workstation Pro，以下简称VMware或VM。相对于VMware Workstation Player，VMware Workstation Pro拥有更多的功能，如一次可以打开多个虚拟机，可以创建快照、加密、自定义网络等，更加符合用户的使用要求。

图 2

图 3

知识拓展

其他虚拟机

　　除了VMware，常用的虚拟机还有Windows系统自带的Hyper-v，如图4所示，以及开源的VirtualBox等，如图5所示。

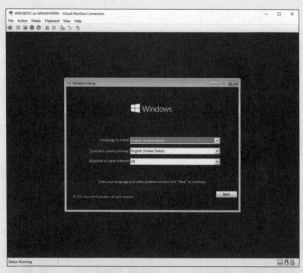

图 4

图 5

2. VMware 的下载与安装

VMware经过多个版本的发展，目前的版本是17，下面介绍VMware的下载与安装过程。

可以到其官网，或者VMware中国的官网"www.vmware.com/cn.html"下载。在官网中，在"产品"下拉列表中单击"WorkStation Pro"链接，如图6所示。

图 6

在弹出的界面中单击"下载试用版"链接，如图7所示。

图 7

选择安装的版本，本例单击"Workstation 17 Pro for Windows"下的"DOWNLOAD NOW"链接，如图8所示，选择保存位置后，启动下载即可，如图9所示。

图 8

图 9

3. 安装 VMware Workstation Pro

下载完毕后，双击VMware-workstation-full的安装包，会启动安装向导，如图10所示。和正常的安装软件一样，选择保存位置后，继续安装即可，如图11所示。

图 10

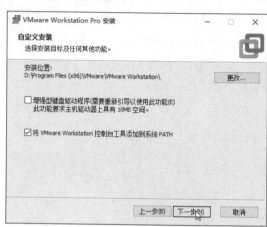

图 11

知识拓展

安装位置的选择

虚拟机软件本身可以选择任意分区，但虚拟机安装的各系统的文件建议保存到空间足够的统一位置，以文件夹分隔不同的系统，方便管理。

4. VMware 安装系统配置准备

在使用VMware安装操作系统前，需要提前配置好针对某一个操作系统的硬件搭配，然后才能开始安装操作系统。下面介绍安装前的准备工作。

注意事项 系统镜像

VMware本身并不包含系统的镜像文件，用户需要手动下载镜像后，再使用VMware安装。Windows和Linux都可以到对应的官网去下载。Windows也可以到第三方去下载原版镜像，如图12所示。

图 12

Step 01 双击VMware Workstation Pro的快捷方式图标，启动软件，在主界面中，在"文件"级联菜单中选择"新建虚拟机"选项，如图13所示。

Step 02 在弹出的"新建虚拟机向导"对话框中单击"下一步"按钮，如图14所示。

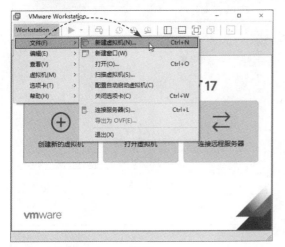

图 13

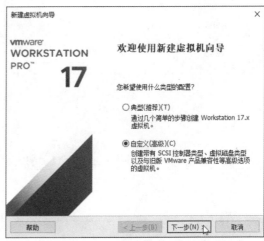

图 14

知识拓展

在虚拟机中继续虚拟

在虚拟机中无法再继续创建其他虚拟主机，有些版本的Windows操作系统的Hyper-V和VMware及其他虚拟机软件之间存在冲突，不能同时使用。

Step 03 设置虚拟机兼容性，保持默认，单击"下一步"按钮，如图15所示。

Step 04 选中"稍后安装操作系统"单选按钮，单击"下一步"按钮，如图16所示。

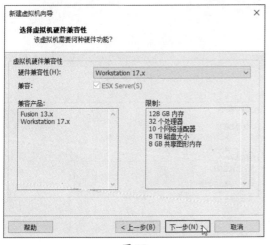

图 15

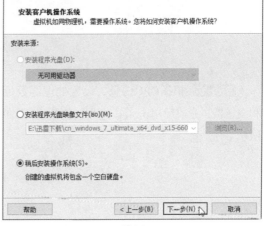

图 16

Step 05 选择系统的类型及版本，单击"下一步"按钮，如图17所示。

Step 06 设置虚拟机名称及保存位置，单击"下一步"按钮，如图18所示。

241

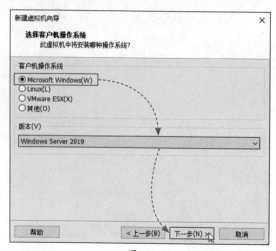

图 17

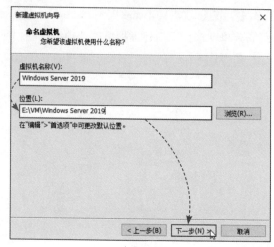

图 18

Windows Server服务器配置与管理标准教程（实战微课版）

知识拓展

虚拟机操作系统选择

在虚拟机中，客户机操作系统可以选择Windows、Linux等，在选择版本时，需要根据下载的镜像系统、位数来选择具体的版本。

Step 07 选择固件类型，保持默认，单击"下一步"按钮，如图19所示。

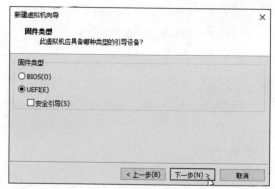

图 19

Step 08 根据CPU信息，设置处理器数量和内核数，完成后单击"下一步"按钮，如图20所示。

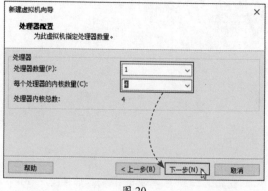

图 20

Step 09 设置分配给该客户机系统的内存大小，需要根据实际的物理内存及同时使用几台客户机来进行设置，单击"下一步"按钮，如图21所示。

Step 10 设置客户机的网络模式，正常情况下使用NAT模式即可，完成后单击"下一步"按钮，如图22所示。如果需要网络实验，可以按照网络实验环境要求进行设置。

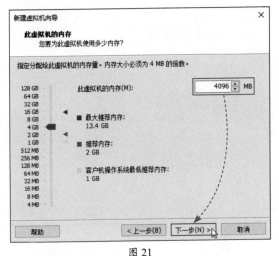

图 21

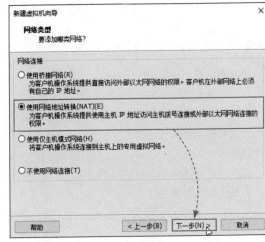

图 22

Step 11 设置I/O控制器，保持默认，单击"下一步"按钮，如图23所示。

Step 12 设置磁盘类型，保持默认，单击"下一步"按钮，如图24所示。

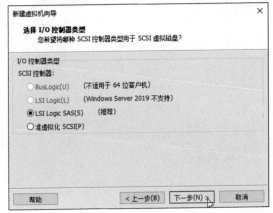

图 23

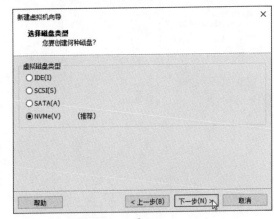

图 24

Step 13 选中"创建新虚拟磁盘"单选按钮，单击"下一步"按钮，如图25所示。

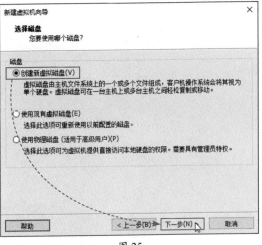

图 25

Step 14 设置分配给客户机的最大磁盘容量，选中"将虚拟磁盘拆分成多个文件"单选按钮，单击"下一步"按钮，如图26所示。

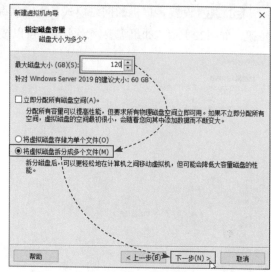

图 26

知识拓展

磁盘的设置

创建虚拟磁盘时，可以创建新的，也可以使用其他客户机的虚拟磁盘，还可以使用真实机的物理磁盘（有一定风险）。选择拆分成多个文件后，虚拟磁盘大小会随着客户机的使用而增长，不会立即用到最大值，可以节约磁盘空间。

Step 15 设置虚拟磁盘的名称，保持默认，单击"下一步"按钮，如图27所示。

Step 16 单击"自定义硬件"按钮，如图28所示。

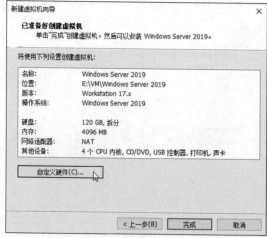

图 27   图 28

Step 17 单击"新CD/DVD（SATA）"选项，选中"使用ISO镜像文件"单选按钮，找到并选择操作系统的镜像，单击"关闭"按钮，如图29所示。

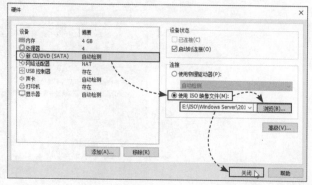

图 29

Windows Server服务器配置与管理标准教程（实战微课版）

244

Step 18 返回上一级后单击"完成"按钮，如图30所示。至此系统安装前的配置工作就完成了，如图31所示。

图 30

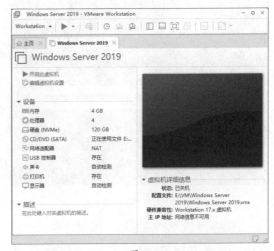

图 31

附录B 使用VMware安装操作系统

配置好客户机的硬件后，就可以启动客户机进行相应系统的安装。下面以常用的Windows服务器系统Windows Server 2019和Linux操作系统Kali为例，介绍其安装方法。

1. 安装 Windows Server 2019

Windows系列操作系统的安装方式很类似，下面以Windows Server 2019为例，介绍Windows系列操作系统的安装方法。

Step 01 选择"Windows Server 2019"选项卡，单击"启动此客户机操作系统"按钮，如图32所示。

Step 02 启动后，按照屏幕提示，按任意键启动安装向导，如图33所示。

图 32

图 33

Step 03 选择要安装的语言、货币格式等，保持默认，单击"下一步"按钮即可，如图34所示。

Step 04 单击"现在安装"按钮，如图35所示。

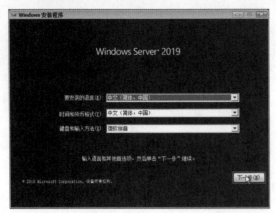

图 34

图 35

Step 05 选择产品版本，本例选择"Windows Server 2019 Datacenter（桌面体验）"选项，单击"下一步"按钮，如图36所示。

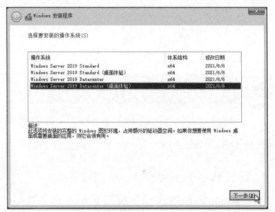

图 36

Step 06 接受许可协议，单击"下一步"按钮，如图37所示。

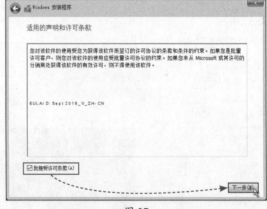

图 37

知识拓展

桌面体验

　　桌面体验的意思是带有桌面环境，可以进入和Windows 10一样的桌面环境，否则就是很多人认为的黑底白字的命令行操作界面。新手用户建议选择"桌面体验"。无桌面体验版本的优势在于减少系统资源占用，使服务器效率更高。

Windows Server服务器配置与管理标准教程（实战微课版）

Step 07 同意协议后，选择"自定义：仅安装（高级）"选项，如图38所示。

Step 08 当前有一个硬盘，需要对硬盘进行分区，单击"新建"按钮，并给系统盘设置"大小"，完成后单击"应用"按钮，如图39所示。

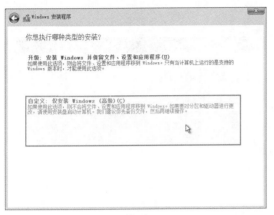

图 38

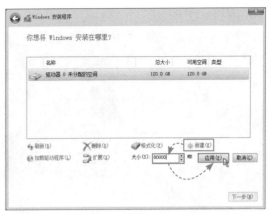

图 39

Step 09 安装程序提示需要创建额外分区，单击"确定"按钮，如图40所示。

Step 10 系统自动创建额外分区，在其他"未分配的空间"上，继续创建其他分区。创建完毕后，选择需要安装操作系统的分区，单击"下一步"按钮，如图41所示。

图 40

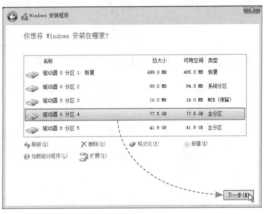

图 41

知识拓展

UEFI、EFI、MBR、系统分区

　　简单来说，UEFI是一种新的启动模式，用来代替传统的BIOS启动模式，通常使用GPT分区表。通过UEFI启动的系统，必须在硬盘上有包含系统启动文件的EFI分区。MBR分区在磁盘转换时能用到，可以删除。系统分区用来备份、恢复系统用，也不是必需，可删除。建议新手用户保持默认值安装。

Step 11 系统复制文件后开始自动安装，完成后自动启动，最后进入设置界面。首先设置管理员密码，单击"完成"按钮，如图42所示。

Step 12 进入登录界面后，使用Ctrl+Alt+Delete组合键解锁，输入设置的密码就可以进入系统，如图43所示。

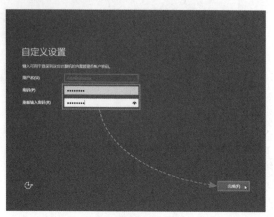

图 42

图 43

注意事项 鼠标无法移出VMware

默认情况下，可以使用Ctrl+Alt组合键，从虚拟机中释放鼠标，如果安装了VM工具，则会自动释放。在虚拟机中如果要使用Windows任务管理器，可以使用Ctrl+Alt+Insert组合键，以防止真实机启动Windows的任务管理器。

2. 安装 VMware Tools

安装完毕后，最先要进行操作的是安装VMware Tools，VMware Tools的用处，一方面是可以有虚拟显卡的支持，可根据虚拟窗口的大小自动调整分辨率；另一方面支持宿主机和客户机之间文件的拖曳传输。下面介绍安装VM工具的步骤。

Step 01 进入系统后，在"虚拟机"选项卡中选择"安装VMware Tools"选项，如图44所示。

Step 02 虚拟机软件会自动识别当前系统，并将VMware Tools镜像加载到虚拟光驱中，进入"此电脑"后，双击VMware Tools图标，如图45所示。

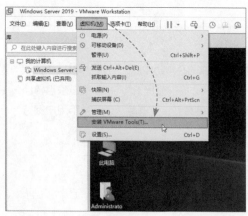

图 44

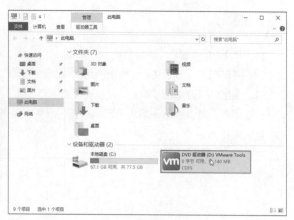

图 45

Step 03 VMware Tools会自动启动并运行安装程序，保持默认设置安装即可，最后单击"完成"按钮，如图46所示。提示重启后继续重启即可。

Step 04 重启后，就可以随意调整虚拟窗口的大小，并可以通过拖曳的方法传递文件，如图47所示。

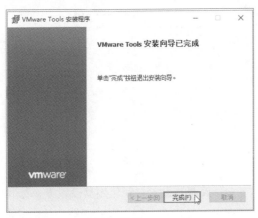

图 46

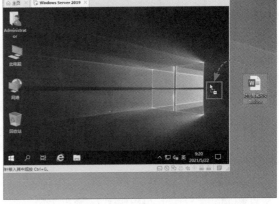

图 47

3. 安装 Kali 系统

除了Windows操作系统外，虚拟机还可以安装Linux操作系统。黑客经常使用的Linux操作系统有很多，最知名的莫过于Kali系统。Kali系统基于Debian的Linux发行版，用于数字取证，Kali系统最大的特点是预装了很多工具，不用单独安装，设置后即可使用，如图48所示。下面介绍Kali系统的安装过程。

图 48

Step 01 启动虚拟机，并启动新建向导，和之前的步骤类似，在"选择客户机操作系统"对话框中选中"Linux"单选按钮，"版本"选择"Debian 10.x 64位"即可，完成后单击"下一步"按钮，如图49所示。

Step 02 设置"虚拟机名称"及保存"位置"，建议将所有虚拟机中的系统放在一个专门的文件夹中，方便管理，完成后单击"下一步"按钮，如图50所示。

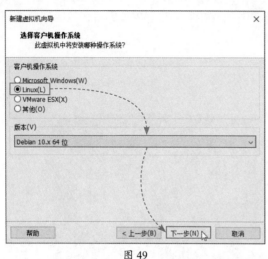

图 49

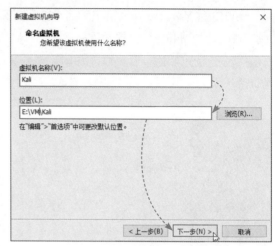

图 50

Step 03 CPU参数、内存参数、网络参数设置、"I/O"控制器设置、新建磁盘设置等，都和安装Windows Server 2019相同，"磁盘类型"保持默认即可。最后在"硬件"对话框中将Kali的镜像添加到虚拟光驱中，如图51所示。

Step 04 返回VM主界面，单击"开启此虚拟机"按钮启动虚拟机，开始安装Kali系统，如图52所示。

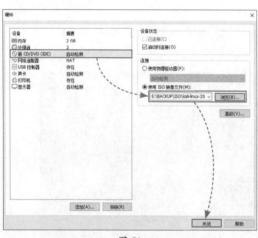

图 51

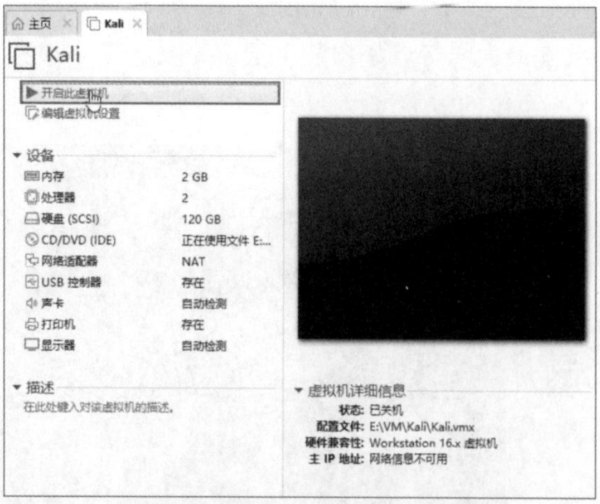

图 52

Step 05 启动虚拟机后，进入Kali的功能选择界面，选择Graphical install选项，按Enter键，启动图形安装界面，如图53所示。

图 53

Step 06 选择默认的系统语言，这里选择"Chinese（Simplified）–中文（简体）"选项，单击Continue按钮，如图54所示。

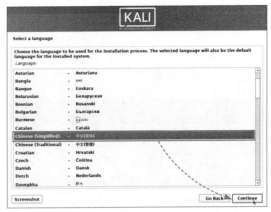

图 54

Step 07 在位置设置、键盘配置、主机名配置对话框都保持默认，"域名"配置对话框中不用填写；在"设置用户和密码"对话框中创建用户全名，完成后单击"继续"按钮，如图55所示。

Step 08 设置密码，密码建议由字母、数字和标点符号构成，这样能保持密码强度较高，完成后单击"继续"按钮，如图56所示。

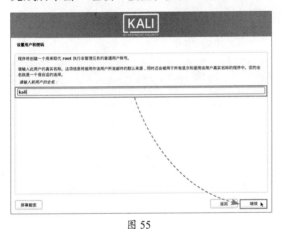

图 55

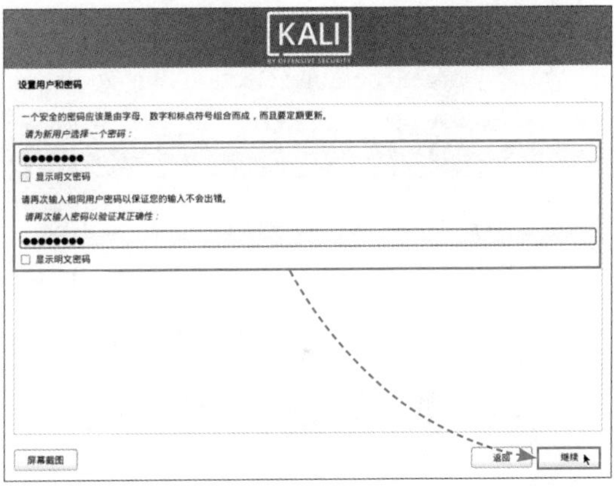

图 56

Step 09 在"磁盘分区"对话框中选择"向导–使用整个磁盘"选项，单击"继续"按钮，如图57所示。

Step 10 选择磁盘，单击"继续"按钮，如图58所示。

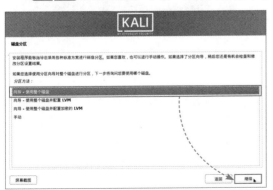

图 57

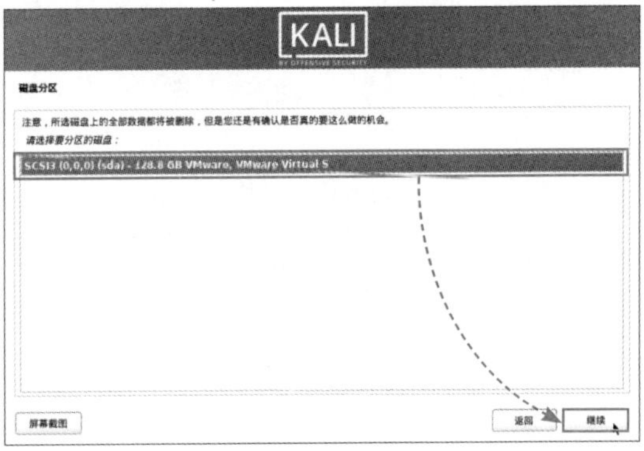

图 58

Step 11 选择"将所有文件放在同一个分区中（推荐新手使用）"选项，单击"继续"按钮，如图59所示。

Step 12 选择"结束分区设定并将修改写入磁盘"选项，然后单击"继续"按钮，如图60所示。

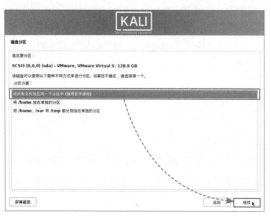

图 59

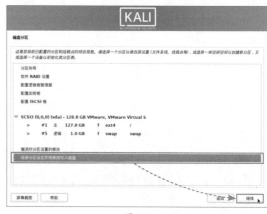

图 60

Step 13 最后确认磁盘分区，选中"是"单选按钮，单击"继续"按钮，如图61所示。

Step 14 开始复制文件，进行基本安装。然后进入软件选择对话框，除了默认勾选的复选框外，勾选"large—default selection plus additional tools"复选框，单击"继续"按钮，如图62所示。

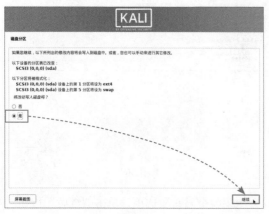

图 61

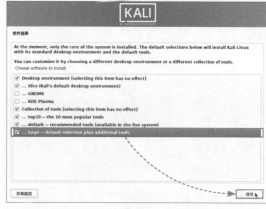

图 62

Step 15 所有软件安装完毕后，会弹出"安装GRUB启动引导器"对话框，选中"是"单选按钮，单击"继续"按钮，如图63所示。

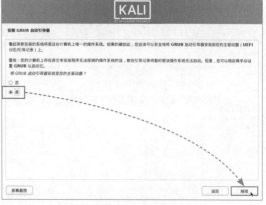

图 63

Windows Server服务器配置与管理标准教程（实战微课版）

Step 16 选择"/dev/sda"设备，单击"继续"按钮，如图64所示。

注意事项 Kali磁盘命名规则

sda代表Kali的第一块磁盘，接下来是sdb、sdc……以此类推。第一块磁盘的第一个分区叫作sda0，第二个分区叫做sda1，以此类推。

Step 17 完成安装后，提示可以移除安装设备，单击"继续"按钮，重启设备后，进入Kali的登录界面，使用之前设置的用户名和密码就可以登录Kali系统，如图65所示。

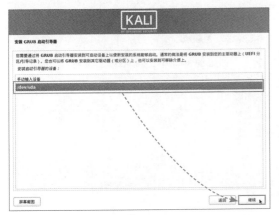

图 64

图 65

Step 18 进入Kali系统后界面如图66所示，Kali不用安装VM工具，直接创建当前状态的镜像，接下来就可以更新软件源及软件，并研究Kali的各种软件了。

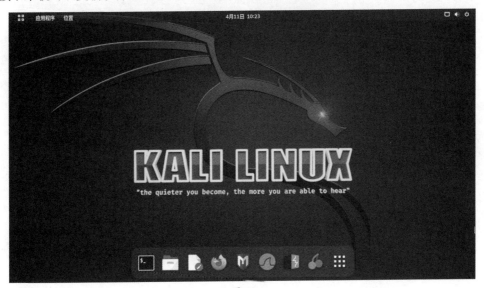

图 66

知识拓展

更新软件源

Kali可以从设置的软件源，也就是带有Kali更新的网站下载更新软件，用户可以设置软件源地址后更新软件。

4. 备份及还原客户机

无论是Windows还是Linux操作系统，客户机在安装系统后，根据情况进行设置（如更新软件源及软件）后，可以先进行备份，保存当前状态，再进行各种实验。当实验发生各种毁灭性问题后，可以随时还原到备份时的状态，该功能叫作快照，下面介绍如何使用该功能。

Step 01 选择"虚拟机"|"快照"|"拍摄快照"选项，如图67所示。

Step 02 输入快照名称后，单击"拍摄快照"按钮，如图68所示。

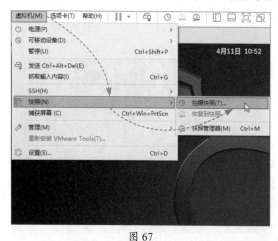

图 67

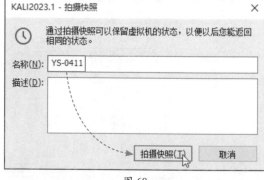

图 68

在界面左下角会显示备份的进度，如图69所示，到达100%后备份完成。如果出现故障，可以从"虚拟机"|"快照"中选择备份的项目，确定并进行还原即可，如图70所示。

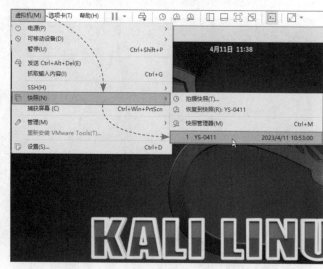

图 70

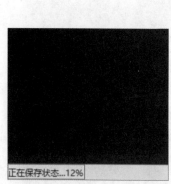

图 69

多个快照

同一个虚拟机可以创建多个快照，在恢复时可以任意恢复。

项目一：Windows Server系统概述

　　知识引入：操作系统简介、操作系统的分类及特点、Windows Server系统简介。主要目的是掌握Windows Server系统的下载方式、安装介质的制作过程、系统的安装步骤、系统的登录和退出，以及系统环境的配置操作（服务器名称的修改、网络的修改、防火墙和IE浏览器保护的设置、环境变量的设置位置）等。

项目二：本地用户与组管理

　　知识引入：用户账户与组简介。主要目的是让读者掌握Windows Server系统中账户以及组的相关常见管理操作，全面了解多用户操作系统中用户的概念，通过用户管理增加系统的安全性，为此后的权限管理打下基础。

项目三：文件系统管理

　　知识引入：文件系统简介、常见的文件系统、文件系统的权限、权限的累加和转移。主要目的是让读者掌握Windows Server系统中文件和文件夹所有权的一般设置、高级权限的相关设

---

1. 在完成该任务时，可以查看书中相应的内容。

置以及加密的相关操作。让读者可以按照需求，通过NTFS文件系统为文件及文件夹设置访问权限，允许符合条件的用户对文件及文件夹进行操作，增强系统的安全性和文件的保密性。

项目四: 磁盘系统管理

知识引入: 磁盘的分类及运行原理、磁盘分区表、基本磁盘与动态磁盘、动态磁盘中的卷、UEFI模式磁盘分区的作用。主要目的是让读者掌握基本磁盘的各项常见操作，动态磁盘各种卷的创建和管理、磁盘配额的使用。让读者能够熟练地为操作系统添加硬盘，完成初始化、格式化等操作，可以正常地使用新加入的硬盘，并能根据需要对硬盘进行扩展、压缩、删除、修改盘符及卷标的设置；能够为动态磁盘创建相关的动态卷以完成功能性需要；能够为用户设置磁盘使用量，让磁盘使用更有效率。

项目五：域环境的部署

知识引入：域环境简介、活动目录简介、域控制器简介、域的结构。主要目的是让读者掌握域环境（主要指活动目录）的安装及部署方法、域环境中用户、组以及OU的相关创建及管理设置、计算机加入域的操作、登录到局域网域环境、通过服务器管理器管理域中的设备以及将设备退出域环境的操作方法，让用户全面掌握域的操作设置。

项目六：配置DHCP服务

知识引入：DHCP（Dynamic Host Configuration Protocol，动态主机配置协议）简介、作用、优点、DHCP协商的六个阶段等。主要目的是让读者熟练掌握DHCP服务的搭建和配置（地址池范围、租约时间、排除范围、网关、DNS地址分配、创建后的参数修改等），可以在局域网中创建自由分配网络参数的DHCP服务器，并正确地为客户端分配所需的网络参数。

项目七：配置DNS服务

知识引入：DNS（Domain Name Server，域名服务）简介、DNS服务的作用、域名的结构、主机记录及常见类型、正向及反向查询等。主要目的是让读者熟练掌握DNS服务的搭建和配置

（创建区域、域名到IP的正向查询、添加各种主机记录、IP到域名的反向查询、无法解析时使用的转发器创建过程）过程等。可以使用命令验证DNS功能状态。

项目八：配置FTP服务

知识引入：FTP（File Transfer Protocol，文件传输协议）服务简介、模式、作用、特点等。主要目的是让读者熟练掌握FTP服务的搭建和配置（添加FTP站点、设置主目录及端口等）过程，能够使用多种方式访问FTP服务器。

项目九：配置Web服务

知识引入：Web服务简介、使用的协议、作用、常用搭建软件、IIS简介等。主要目的是让读者熟练掌握Web服务的搭建和配置管理（站点的关闭、新建、主目录的设置、主页文件的创建、虚拟目录的设置）等。

项目十：配置虚拟主机

知识引入：虚拟主机的作用及常见的实现方式等。让读者了解并掌握如何在一台服务器站点中创建多个网站，并成功访问的方法，可以通过不同的IP地址、不同的端口以及不同的主机名称来访问不同网站的操作步骤，可以充分利用服务器资源，来满足不同的客户需求。

项目十一：配置其他常见网络服务

知识引入：PKI与安全基础（PKI的组成、加密技术、对称与非对称加密、数字签名技术、HTTPS与SSL）。主要目的是让读者了解并掌握证书服务的搭建和配置（CA的创建）过程。并能够为服务器上创建的Web站点提供安全的访问（Https），包括为服务器申请证书、在站点中启用SSL、为客户端申请并安装证书操作。

项目十二：配置NAT与VPN服务

知识引入：NAT（Network Address Translation，网络地址转换）服务的作用、3种实现方式、VPN（Virtual Private Network，虚拟专用网络）服务的作用、使用的协议及VPN的基本处理过程。主要目的是让读者全面掌握NAT及VPN服务的配置，可以在局域网中搭建NAT服务，为客户端进行IP地址的转换，方便对目的网络进行通信互访。可以在互联网不安全的链路中创建安全的VPN链路，可以在服务器之间或服务器与用户之间创建可信赖的安全互访。

项目十三：配置本地安全策略与组策略

知识引入：本地安全策略的作用、常见的密码策略、组策略的作用、组策略与组策略编辑器的关系、组策略编辑器的启动。主要目的是让读者全面掌握本地安全策略和组策略编辑器的进入方法、修改方式、常见安全策略的作用以及参数配置步骤等。

项目十四：配置防火墙

知识引入：防火墙的作用、防火墙在网络中的位置。主要目的是让读者全面掌握防火墙的功能配置及常见配置，如阻止外部网络的传入连接访问、允许通过的程序、出入站规则的使用方法和规则的创建，并可以按照应用设置相应的规则，如阻止程序访问外网。

项目十五：使用Windows Server备份功能

知识引入：备份功能的作用。主要目的是让读者全面掌握Windows Server系统中备份的知识，可以使用该工具备份当前系统状态，并可以使用备份文件，快速恢复出现重大故障的系统。

项目十六：远程管理WindowsServer服务器系统

知识引入：远程管理功能实施的必要性、Windows Admin Center的作用、远程桌面连接的作用、常见的第三方远程桌面连接工具。主要目的是让读者能够熟练掌握Windows Server服务器的远程管理操作，可以使用包括Windows Admin Center的网页管理功能，系统的远程桌面访问，以及第三方的远程桌面服务。让读者可以在局域网中高效、全面地管理多个Windows Server服务器，可以按照要求完成各种配置。

项目十七：虚拟机的安装与使用

　　知识引入：虚拟机简介、虚拟机的作用、VMware与VMware WorkStation Pro简介。主要目的是让读者全面掌握虚拟机的使用方法，让读者可以快速地创建满足各种要求的试验环境。重点了解虚拟机的下载安装、系统安装前的虚拟机硬件配置添加、系统的安装、虚拟工具的安装、虚拟机的备份和还原设置等。

附录　虚拟机的安装与使用

读书笔记